"十四五"职业教育国家规划教材

C程序设计项目教程

（第2版）

主审 高亚玲

主编 魏宇红 张少巍 张 迪

航空工业出版社

北京

内 容 提 要

本书遵循高等教育教学和人才成长规律，结合程序设计类课程的特点，从初学者的角度出发，采用项目任务式编写方法，以通俗易懂的语言、丰富多彩的案例，详细介绍了使用C语言进行程序开发所需掌握的知识和技能。全书共分10个项目，内容涵盖C程序概述、算法、C语法基础、分支语句、循环语句、数组、函数、指针、构造数据类型和文件。

本书可作为职业院校和培训机构C语言程序设计课程的专用教材，也可供程序设计爱好者自学使用。

图书在版编目（CIP）数据

C程序设计项目教程 / 魏宇红，张少巍，张迪主编. 2版. -- 北京：航空工业出版社，2025.1(2025.8重印).
ISBN 978-7-5165-4054-1

Ⅰ．TP312.8

中国国家版本馆CIP数据核字第2025VX6795号

C程序设计项目教程（第2版）
C Chengxu Sheji Xiangmu Jiaocheng (Di-er Ban)

航空工业出版社出版发行
（北京市朝阳区京顺路5号曙光大厦C座四层 100028）
发行部电话：010-85672666 010-85672683　　读者服务热线：010-85672635
北京同文印刷有限责任公司印刷　　　　　　　　全国各地新华书店经售
2015年5月第1版
2025年1月第2版　　　　　　　　　　　　　　　　2025年8月第2次印刷
开本：787×1092　1/16　　　　　　　　　　　　　字数：456千字
印张：19.75　　　　　　　　　　　　　　　　　　定价：59.80元

前 言

C语言作为一种计算机编程语言，兼备高级语言和汇编语言的优点，深受广大编程人员的喜爱。此外，由于C语言的概念简洁、语句紧凑、程序结构性和可读性好，因此，很多院校将"C语言程序设计"这门课程作为第一门计算机语言课程。

为培养符合时代要求、适应就业市场需求的优秀人才，我们结合多所院校人才培养方案的要求和学生就业发展的实际需要，按照学生的认知规律，编写了本书。

本书特色

一、春风化雨，立德树人

本书有机融入党的二十大精神，积极探索"价值塑造、能力培养、知识传授"三位一体的立德树人新路径，尽可能选取既对应相关知识点，又能够与实际应用紧密相关的案例，同时在正文中添加了"诗词之美""辉煌中国""以人为本""大师巨匠"等模块，将能够体现传统文化、职业素养、创新意识和工匠精神的内容潜移默化地融入知识和技能教育中，以培养具有正确价值观的高技能型人才。

二、校企合作，案例实用

本书在编写过程中得到了相关软件开发企业的支持，书中所选取的案例都是与实际应用紧密相关的，不仅能够使学生更好地理解和掌握所学知识，做到即学即练、学以致用，还能够锻炼学生的工作思维和实践技能，为以后更快地适应企业工作打下坚实的基础。

三、全新形态，全新理念

本书采用活页式理念，将每个项目分为若干个任务，以单个任务为单位组织教学，并将内容分为课前、课中和课后3个模块，引导学生自主学习，强调由教材升级为"一体化活页学材"。

本书每个任务都包含"任务工单""知识链接""任务实施"和"任务实训"模块。课前，学生通过"任务工单"中的"任务描述"了解本任务的主要内容，并通过查找资料和预习"知识链接"完成"分组讨论"中的引导问题。课中，学生首先通过"知识链接"学习本任务涉及的理论知识，并在老师的带领下完成"任务实施"中的案例；然后分组完成任务工单中的"实践操作",并通过"任务评价"评价学生"实践操作"的完成情况。课后,学生通过完成"任务实训"练习所学知识,项目最后还安排了"项目考核",帮助学生进一步巩固所学知识。

此外,本书还根据需要设置了"提示""高手点拨""拓展阅读"等栏目,适时提醒和解决学生在学习与操作过程中遇到的问题,让学生少走弯路、提高学习效率。

四、数字资源,丰富多彩

本书配有丰富的数字资源,读者可以借助手机或其他移动设备扫描二维码获取相关内容的微课视频,从而更方便地理解和掌握本书内容。此外,本书还配有习题答案、优质课件、程序源代码、网络课程和综合教育平台等配套教学资源,读者可以登录文旌综合教育平台"文旌课堂"查看和下载。

此外,本书还提供了在线题库,支持"教学作业,一键发布",教师只需通过微信或"文旌课堂"App扫描扉页二维码,即可迅速选题、一键发布、智能批改,并查看学生的作业分析报告,提高教学效率、提升教学体验。学生可在线完成作业,巩固所学知识,提高学习效率。

本书由高亚玲担任主审,魏宇红、张少巍、张迪担任主编,祁冰、张国才担任副主编。

本书由编写团队精心策划编写,书中存在的疏漏或不妥之处,敬请广大读者批评指正。

本书配套资源下载网址和联系方式

网址:https://www.wenjingketang.com
电话:400-117-9835
邮箱:book@wenjingketang.com

目录

项目一 C程序概述——欢迎进入C语言世界 ... 1

任务一 熟悉C程序开发环境 ... 3
任务工单 ... 3
一、任务描述 ... 3
二、分组讨论 ... 3
三、实践操作 ... 4
四、任务评价 ... 4
知识链接 ... 5
一、C程序的开发步骤 ... 5
二、C程序的开发环境 ... 6
任务实施 ... 8
一、新建项目 ... 8
二、新建源程序 ... 11
三、编译和连接程序 ... 12
四、运行程序 ... 13
任务实训 ... 14
一、实训目的 ... 14
二、实训内容 ... 14

任务二 编写第一个C程序 ... 17
任务工单 ... 17
一、任务描述 ... 17
二、分组讨论 ... 17
三、实践操作 ... 18
四、任务评价 ... 18
知识链接 ... 19
一、C程序的基本结构 ... 19
二、C程序的格式特点 ... 20
三、常见错误分析 ... 21
任务实施 ... 23
一、任务分析 ... 23
二、参考程序 ... 24
三、运行结果 ... 24
任务实训 ... 24
一、实训目的 ... 24
二、实训内容 ... 24
项目考核 ... 26

项目二 算法——程序设计的灵魂 ... 27

任务一 解析汉诺塔游戏 ... 29
任务工单 ... 29
一、任务描述 ... 29
二、分组讨论 ... 29
三、实践操作 ... 30
四、任务评价 ... 30
知识链接 ... 31
一、什么是算法 ... 31
二、算法的特点 ... 31
任务实施 ... 32
一、任务分析 ... 32

　　二、算法分析 ……………… 32
　　三、算法描述 ……………… 33
　任务实训 …………………… 34
　　一、实训目的 ……………… 34
　　二、实训内容 ……………… 34
任务二　判定是否是闰年算法
　　　　　描述 ………………… 35
　任务工单 …………………… 35
　　一、任务描述 ……………… 35
　　二、分组讨论 ……………… 35
　　三、实践操作 ……………… 36
　　四、任务评价 ……………… 36
　知识链接 …………………… 37
　　一、流程图 ………………… 37
　　二、N-S 流程图 …………… 40
　任务实施 …………………… 42
　　一、任务分析 ……………… 42
　　二、算法描述 ……………… 42
　任务实训 …………………… 44
　　一、实训目的 ……………… 44
　　二、实训内容 ……………… 44
项目考核 ……………………… 46

项目三　C 语法基础——学好 C 程序的基石 ……………… 47

任务一　计算三角形的面积 …… 49
　任务工单 …………………… 49
　　一、任务描述 ……………… 49
　　二、分组讨论 ……………… 49
　　三、实践操作 ……………… 50
　　四、任务评价 ……………… 50
　知识链接 …………………… 51
　　一、标识符和关键字 ……… 51
　　二、常量和变量 …………… 52

　　三、基本数据类型 ………… 53
　　四、运算符和表达式 ……… 60
　任务实施 …………………… 64
　　一、任务分析 ……………… 64
　　二、参考程序 ……………… 65
　　三、运行结果 ……………… 65
　任务实训 …………………… 65
　　一、实训目的 ……………… 65
　　二、实训内容 ……………… 66
任务二　简单模拟 ATM 机取款
　　　　　操作 ………………… 69
　任务工单 …………………… 69
　　一、任务描述 ……………… 69
　　二、分组讨论 ……………… 69
　　三、实践操作 ……………… 70
　　四、任务评价 ……………… 70
　知识链接 …………………… 71
　　一、C 语句概述 …………… 71
　　二、格式输入输出函数 …… 72
　　三、字符输入输出函数 …… 76
　任务实施 …………………… 77
　　一、任务分析 ……………… 77
　　二、参考程序 ……………… 78
　　三、运行结果 ……………… 78
　任务实训 …………………… 78
　　一、实训目的 ……………… 78
　　二、实训内容 ……………… 78
项目考核 ……………………… 80

项目四　分支语句——让你的选择多样化 ……………… 82

任务一　制作简易评教系统 …… 83
　任务工单 …………………… 83
　　一、任务描述 ……………… 83

目录

二、分组讨论 ………………………… 83
三、实践操作 ………………………… 84
四、任务评价 ………………………… 84
知识链接 ……………………………… 85
一、关系运算符和关系表达式 ……… 85
二、逻辑运算符和逻辑表达式 ……… 86
三、简单 if 语句 …………………… 89
四、if 语句的嵌套 ………………… 93
任务实施 ……………………………… 96
一、任务分析 ………………………… 96
二、参考程序 ………………………… 97
三、运行结果 ………………………… 97
任务实训 ……………………………… 98
一、实训目的 ………………………… 98
二、实训内容 ………………………… 98

任务二 输出车辆限行提示 ………… 101
任务工单 …………………………… 101
一、任务描述 ………………………… 101
二、分组讨论 ………………………… 101
三、实践操作 ………………………… 102
四、任务评价 ………………………… 102
知识链接 …………………………… 103
一、条件运算符和条件表达式 …… 103
二、switch 语句 …………………… 104
任务实施 …………………………… 106
一、任务分析 ……………………… 106
二、参考程序 ……………………… 106
三、运行结果 ……………………… 107
任务实训 …………………………… 108
一、实训目的 ……………………… 108
二、实训内容 ……………………… 108

项目考核 …………………………… 109

项目五 循环语句——解决迭代问题的好办法 …………… 111

任务一 计算等比数列之和 ………… 113
任务工单 …………………………… 113
一、任务描述 ……………………… 113
二、分组讨论 ……………………… 113
三、实践操作 ……………………… 114
四、任务评价 ……………………… 114
知识链接 …………………………… 115
一、while 循环语句 ……………… 115
二、do-while 循环语句 …………… 116
任务实施 …………………………… 118
一、任务分析 ……………………… 118
二、参考程序 ……………………… 118
三、运行结果 ……………………… 119
任务实训 …………………………… 119
一、实训目的 ……………………… 119
二、实训内容 ……………………… 119

任务二 打印图形金字塔 …………… 123
任务工单 …………………………… 123
一、任务描述 ……………………… 123
二、分组讨论 ……………………… 123
三、实践操作 ……………………… 124
四、任务评价 ……………………… 124
知识链接 …………………………… 125
一、for 循环语句 ………………… 125
二、循环嵌套 ……………………… 128
任务实施 …………………………… 129
一、任务分析 ……………………… 129
二、参考程序 ……………………… 129
三、运行结果 ……………………… 130
任务实训 …………………………… 130
一、实训目的 ……………………… 130

III

二、实训内容 …………………………… 130

**任务三　判断某整数是素数
　　　　　还是合数** …………………… 133
　　任务工单 ……………………………… 133
　　　一、任务描述 …………………………… 133
　　　二、分组讨论 …………………………… 133
　　　三、实践操作 …………………………… 134
　　　四、任务评价 …………………………… 134
　　知识链接 ……………………………… 135
　　　一、break 语句 ………………………… 135
　　　二、continue 语句 ……………………… 136
　　任务实施 ……………………………… 137
　　　一、任务分析 …………………………… 137
　　　二、参考程序 …………………………… 137
　　　三、运行结果 …………………………… 138
　　任务实训 ……………………………… 139
　　　一、实训目的 …………………………… 139
　　　二、实训内容 …………………………… 139
项目考核 …………………………… 140

**项目六　数组——处理同类型数据的
　　　　　最好方法** …………… 143

**任务一　使用冒泡法对学生成绩
　　　　　进行排序** …………………… 145
　　任务工单 ……………………………… 145
　　　一、任务描述 …………………………… 145
　　　二、分组讨论 …………………………… 145
　　　三、实践操作 …………………………… 146
　　　四、任务评价 …………………………… 146
　　知识链接 ……………………………… 147
　　　一、一维数组的定义 …………………… 147
　　　二、一维数组的引用 …………………… 147
　　　三、一维数组的初始化 ………………… 149
　　任务实施 ……………………………… 151
　　　一、任务分析 …………………………… 151

　　　二、参考程序 …………………………… 151
　　　三、运行结果 …………………………… 152
　　任务实训 ……………………………… 152
　　　一、实训目的 …………………………… 152
　　　二、实训内容 …………………………… 152

**任务二　统计某地区的降水
　　　　　信息** ………………………… 157
　　任务工单 ……………………………… 157
　　　一、任务描述 …………………………… 157
　　　二、分组讨论 …………………………… 157
　　　三、实践操作 …………………………… 158
　　　四、任务评价 …………………………… 158
　　知识链接 ……………………………… 159
　　　一、二维数组的定义 …………………… 159
　　　二、二维数组的引用 …………………… 159
　　　三、二维数组的初始化 ………………… 161
　　任务实施 ……………………………… 162
　　　一、任务分析 …………………………… 162
　　　二、参考程序 …………………………… 163
　　　三、运行结果 …………………………… 164
　　任务实训 ……………………………… 165
　　　一、实训目的 …………………………… 165
　　　二、实训内容 …………………………… 165

任务三　判断是否为回文对联 …… 169
　　任务工单 ……………………………… 169
　　　一、任务描述 …………………………… 169
　　　二、分组讨论 …………………………… 169
　　　三、实践操作 …………………………… 170
　　　四、任务评价 …………………………… 170
　　知识链接 ……………………………… 171
　　　一、字符数组的定义和引用 …………… 171
　　　二、字符数组的初始化 ………………… 171
　　　三、字符串 ……………………………… 171

任务实施 …………………… 173
　　　一、任务分析 ………………… 173
　　　二、参考程序 ………………… 173
　　　三、运行结果 ………………… 174
　　任务实训 …………………… 175
　　　一、实训目的 ………………… 175
　　　二、实训内容 ………………… 175
　项目考核 …………………… 177

项目七　函数——实现程序模块化设计的好帮手 …………… 179

　任务一　显示超速车辆信息 ……… 181
　　任务工单 …………………… 181
　　　一、任务描述 ………………… 181
　　　二、分组讨论 ………………… 181
　　　三、实践操作 ………………… 182
　　　四、任务评价 ………………… 182
　　知识链接 …………………… 183
　　　一、函数的基本概念 ………… 183
　　　二、函数的定义 ……………… 183
　　　三、函数的调用 ……………… 184
　　任务实施 …………………… 188
　　　一、任务分析 ………………… 188
　　　二、参考程序 ………………… 188
　　　三、运行结果 ………………… 190
　　任务实训 …………………… 190
　　　一、实训目的 ………………… 190
　　　二、实训内容 ………………… 190
　任务二　统计国内生产总值 ……… 193
　　任务工单 …………………… 193
　　　一、任务描述 ………………… 193
　　　二、分组讨论 ………………… 193
　　　三、实践操作 ………………… 194
　　　四、任务评价 ………………… 194

　　知识链接 …………………… 195
　　　一、数组元素作为函数参数 … 195
　　　二、数组名作为函数参数 …… 196
　　任务实施 …………………… 197
　　　一、任务分析 ………………… 197
　　　二、参考程序 ………………… 197
　　　三、运行结果 ………………… 198
　　任务实训 …………………… 198
　　　一、实训目的 ………………… 198
　　　二、实训内容 ………………… 198
　任务三　再现汉诺塔游戏 ………… 201
　　任务工单 …………………… 201
　　　一、任务描述 ………………… 201
　　　二、分组讨论 ………………… 201
　　　三、实践操作 ………………… 202
　　　四、任务评价 ………………… 202
　　知识链接 …………………… 203
　　　一、函数的嵌套调用 ………… 203
　　　二、函数的递归调用 ………… 204
　　　三、局部变量与全局变量 …… 205
　　　四、变量的存储类别 ………… 207
　　任务实施 …………………… 211
　　　一、任务分析 ………………… 211
　　　二、参考程序 ………………… 211
　　　三、运行结果 ………………… 212
　　任务实训 …………………… 212
　　　一、实训目的 ………………… 212
　　　二、实训内容 ………………… 212
　项目考核 …………………… 215

项目八　指针——提高开发效率的妙招 …………… 216

　任务一　删除有序数组中的
　　　　　重复元素 ……………… 217
　　任务工单 …………………… 217
　　　一、任务描述 ………………… 217

二、分组讨论 …………………… 217
　　三、实践操作 …………………… 218
　　四、任务评价 …………………… 218
知识链接 ………………………… 219
　　一、指针的基本概念 …………… 219
　　二、指针变量的定义及初始化 … 219
　　三、指针变量的引用 …………… 220
　　四、空指针和 void 指针 ……… 222
　　五、指针与数组 ………………… 222
任务实施 ………………………… 225
　　一、任务分析 …………………… 225
　　二、参考程序 …………………… 225
　　三、运行结果 …………………… 226
任务实训 ………………………… 226
　　一、实训目的 …………………… 226
　　二、实训内容 …………………… 226
任务二　字符串纠错 …………… 229
任务工单 ………………………… 229
　　一、任务描述 …………………… 229
　　二、分组讨论 …………………… 229
　　三、实践操作 …………………… 230
　　四、任务评价 …………………… 230
知识链接 ………………………… 231
　　一、指针与字符串 ……………… 231
　　二、指针数组 …………………… 232
任务实施 ………………………… 233
　　一、任务分析 …………………… 233
　　二、参考程序 …………………… 234
　　三、运行结果 …………………… 234
任务实训 ………………………… 234
　　一、实训目的 …………………… 234
　　二、实训内容 …………………… 234
任务三　多角度统计人口增长率 … 237
任务工单 ………………………… 237
　　一、任务描述 …………………… 237

　　二、分组讨论 …………………… 237
　　三、实践操作 …………………… 238
　　四、任务评价 …………………… 238
知识链接 ………………………… 239
　　一、指针变量作为函数参数 …… 239
　　二、指针作为函数的返回值 …… 240
　　三、指向函数的指针 …………… 242
任务实施 ………………………… 243
　　一、任务分析 …………………… 243
　　二、参考程序 …………………… 243
　　三、运行结果 …………………… 244
任务实训 ………………………… 245
　　一、实训目的 …………………… 245
　　二、实训内容 …………………… 245
项目考核 ………………………… 247

项目九　构造数据类型——解决现实问题的最佳选择 ………… 250

任务一　简单模拟员工信息
　　　　　查询系统 ……………… 251
任务工单 ………………………… 251
　　一、任务描述 …………………… 251
　　二、分组讨论 …………………… 251
　　三、实践操作 …………………… 252
　　四、任务评价 …………………… 252
知识链接 ………………………… 253
　　一、结构体变量 ………………… 253
　　二、结构体数组 ………………… 257
　　三、结构体指针 ………………… 259
任务实施 ………………………… 263
　　一、任务分析 …………………… 263
　　二、参考程序 …………………… 263
　　三、运行结果 …………………… 264

　　任务实训……………………… 264
　　　一、实训目的………………… 264
　　　二、实训内容………………… 265
　任务二　模拟约瑟夫环游戏………… 267
　　任务工单……………………… 267
　　　一、任务描述………………… 267
　　　二、分组讨论………………… 267
　　　三、实践操作………………… 268
　　　四、任务评价………………… 268
　　知识链接……………………… 269
　　　一、链表概述………………… 269
　　　二、动态链表处理函数……… 269
　　　三、动态链表的建立………… 270
　　任务实施……………………… 273
　　　一、任务分析………………… 273
　　　二、参考程序………………… 273
　　　三、运行结果………………… 276
　　任务实训……………………… 277
　　　一、实训目的………………… 277
　　　二、实训内容………………… 277
　项目考核………………………… 278

项目十　文件——重复利用资源的最佳方法……………… 281

　任务一　凯撒密码加密……………… 283
　　任务工单……………………… 283
　　　一、任务描述………………… 283
　　　二、分组讨论………………… 283
　　　三、实践操作………………… 284
　　　四、任务评价………………… 284
　　知识链接……………………… 285
　　　一、文件基础知识…………… 285
　　　二、打开与关闭文件………… 285
　　　三、顺序读/写文件…………… 287
　　任务实施……………………… 287
　　　一、任务分析………………… 287
　　　二、参考程序………………… 288
　　　三、运行结果………………… 289
　　任务实训……………………… 289
　　　一、实训目的………………… 289
　　　二、实训内容………………… 290
　任务二　模拟简单的人事
　　　　　管理系统………………… 293
　　任务工单……………………… 293
　　　一、任务描述………………… 293
　　　二、分组讨论………………… 293
　　　三、实践操作………………… 294
　　　四、任务评价………………… 294
　　知识链接……………………… 295
　　　一、二进制文件操作………… 295
　　　二、随机读/写文件…………… 295
　　任务实施……………………… 296
　　　一、任务分析………………… 296
　　　二、参考程序………………… 297
　　　三、运行结果………………… 298
　　任务实训……………………… 299
　　　一、实训目的………………… 299
　　　二、实训内容………………… 299
　项目考核………………………… 301

参考文献……………………… 303

项目一

C 程序概述——欢迎进入 C 语言世界

项目导读

2021年5月15日，我国第一颗火星卫星"天问一号"实现了首次地外行星着陆；2024年11月15日，我国又成功发射了"天舟八号"货运飞船，为天和核心舱进行物资输送和燃料补给。是什么样的"大脑"实现了如此精准地着陆和对接呢？是计算机编程语言编写的程序与硬件系统的完美配合。

计算机编程语言有很多，而 C 语言是目前世界上使用最广泛的高级程序设计语言之一。它具有很强的数据处理能力，运行效率高，故广泛应用于操作系统、嵌入式系统等底层应用的开发。同时，它也是学习 C#、C++、Java 等面向对象程序设计语言的基础。

知识目标

- 了解 C 程序的开发步骤。
- 熟悉 C 程序的开发环境。
- 了解 C 程序的基本结构及格式特点。

能力目标

- 能在 Visual C++ 2010 中创建、运行 C 程序。
- 能根据编译器给出的常见错误信息，分析并修改程序。

素质目标

- 养成脚踏实地、开拓进取的工作作风。
- 发扬服务集体、团结协作的团队精神。

班级_____ 姓名_____ 学号_____

任务一 熟悉 C 程序开发环境

 任务工单

一、任务描述

在学习如何编写 C 程序之前，须熟悉 C 程序的开发环境。本任务将带领大家了解 C 程序的开发步骤，并让大家掌握使用 Visual C++ 2010 编写 C 程序的方法。

二、分组讨论

全班学生以 3～5 人为一组进行分组，各组选出组长。请组长组织组员查找相关资料，并预习知识链接，完成下列问题。

问题 1：按照发展进程分类，计算机编程语言可分为_____、_____和_____ 3 种类型，其中 C 语言属于_____。

问题 2：C 程序的开发步骤有哪些？这些步骤可以省略或互换吗？请说明你的理由。

问题 3：登录全国计算机等级考试网站（http://ncre.neea.edu.cn/），了解二级 C 语言程序设计考试大纲。结合教材内容制订本课程的学习计划，并在小组内讨论该计划是否可行。

问题 4：下载并安装 Visual C++ 2010 软件。请在小组内讨论各自遇到的问题及解决办法，并做好记录。

班级_____   姓名_____   学号_____

三、实践操作

使用 Visual C++ 2010 编写 C 程序，输出"Welcome to C Program World!"，并将实践过程中遇到的问题和解决办法记录在表 1-1-1 中。

▶ 表 1-1-1　实践操作过程

序号	主要问题	解决办法
1		
2		
3		

四、任务评价

请各组选出一名代表展示实践操作的成果，并配合老师完成任务评价，将评价结果填入表 1-1-2 中。

▶ 表 1-1-2　任务评价

评价项目	评价内容	评价分数			
		分值	自评	互评	师评
职业素养考核项目（30%）	考勤、仪容仪表	10 分			
	安全意识、责任意识	10 分			
	团队合作与交流	10 分			
专业能力考核项目（70%）	积极参与教学活动	5 分			
	正确理解任务要求	5 分			
	认真查找任务所需资料并参与讨论	15 分			
	实践操作过程记录表的完成度	15 分			
	程序运行结果是否正确	15 分			
	使用 Visual C++ 2010 创建和运行 C 程序的熟练程度	15 分			
综合评分_____　自评（20%）+互评（20%）+师评（60%）		100 分			
综合评语		教师（签字）：			

项目一 C 程序概述——欢迎进入 C 语言世界

知识链接

一、C 程序的开发步骤

C 程序的开发从确定任务到得到结果一般要经历以下几个步骤。

C 程序的开发步骤

1. 需求分析

需求分析就是对要解决的问题进行详细的分析，弄清楚问题的要求，包括需要输入什么数据，要得到什么结果，得到这个结果需要什么条件等。这个过程好比是考试时候的审题，一定要领会题目的要求，否则解题过程再漂亮也无济于事。

2. 算法设计

算法设计就是设计出解决问题的方法和具体步骤。例如，要求解一个 1 到 100 的累加问题，首先要选择用什么方法求解（直接累加计算、用速算公式计算还是用等差数列的求和公式计算），然后把求解的每个步骤清晰地描述出来。

3. 编写程序

编写程序就是把算法设计的结果变成一行行代码，输入到程序编辑器中，然后将此程序（即源程序）以文件形式保存到指定的文件夹中。

4. 编译程序

编译程序就是利用编译器把输入的源程序翻译成机器语言，即编译器对源程序进行语法检查并将符合语法规则的源程序翻译成计算机能识别的语言。如果经编译器检查，发现有语法错误，则必须修改源程序中的语法错误，然后再编译，直至没有语法错误。此时会在源程序所在目录中自动生成一个目标文件。

> **提示**
>
> 编译程序时显示的错误信息是寻找错误原因的重要信息来源，读者要学会辨别这些错误信息。每次碰到并且最终解决了错误时，要记录错误信息及相应的解决方法，以便后续能够熟练排查同类型的错误，从而提高程序调试效率。

5. 连接程序

经过编译得到的目标文件，计算机还不能直接执行，需要经过连接阶段，即与函数库进行连接，才能生成可执行文件。

> **提示**
>
> 在连接过程中，一般不会出现连接错误，如果出现了连接错误，说明源程序中存在子程序调用混乱或参数传递错误等问题。此时需要对源程序进行修改，再进行编译和连接，如此反复进行，直至没有连接错误。

6. 运行程序

运行可执行文件，并查看和分析运行结果。能得到运行结果并不能说明程序一定是正确的，要对运行结果进行分析，分析其是否合理。分析时需要多设计几组数据，检查程序对不同数据的运行情况。只要发现一组运行结果与预期结果不同，就表明编写的源程序存在逻辑错误，此时就需要重新修改源程序直至没有逻辑错误。

> **知识库**
>
> 查找逻辑错误时，如果程序不大，可以用人工方法模拟计算机对源程序的执行过程，分析出逻辑错误，并对错误进行修改处理；如果程序较大，人工模拟工程量太大或无法进行时，可逐语句执行程序，一步步跟踪程序的运行。一旦找到问题所在，修改源程序并重新编译、连接和运行，直至程序运行结果与预期结果完全一致。

7. 编写程序说明书

如同正式的产品都有产品说明书一样，正式提供给用户使用的程序，也必须向用户提供程序说明书。程序说明书也称用户文档，一般应包含程序名称、程序功能、运行环境、程序的载入和启动、需要输入的数据，以及使用注意事项等内容。

二、C 程序的开发环境

C 程序的开发环境有很多。例如，Linux 操作系统下的 GCC，Windows 操作系统下的 Turbo C 2.0、Turbo C++ 3.0、Dev-C++、C-Free、Visual C++ 6.0 和 Visual C++ 2010 等。

自 2018 年 3 月以来，全国计算机等级考试（C 语言）的考试环境由 Visual C++ 6.0 更新为 Visual C++ 2010 学习版。因此，本书所选用的 C 程序开发环境为 Visual C++ 2010 学习版。

Visual C++ 2010 是集成在 Visual Studio 2010 开发环境中的，该开发环境包括专业版、高级版、旗舰版和学习版 4 个不同版本，其中学习版是免费的。开发人员可在 Microsoft DreamSpark 上获取（必须有微软的 DreamSpark），也可通过邮箱方式验证学生身份来获取该版本。

> **提示**
>
> Visual Studio 2010 是一个多语言集成开发环境，支持 Visual C++、Visual Basic 和 C#等编程语言。对于学习 C 及 C++程序设计的人来说，可以只安装 Visual C++ 2010 组件。

下面来看一下 Visual C++ 2010 的主界面。

选择"开始"→"Microsoft Visual Studio 2010 Express"→"Microsoft Visual C++ 2010

Express"菜单项,便会打开 Visual C++ 2010,进入默认起始页,如图 1-1-1 所示。在起始页中可以新建或打开项目,也可以学习软件使用方法,或者浏览最新新闻。若想以后加载项目时关闭此页,可取消勾选"启动时显示此页"复选框。此后,若要访问起始页,可在"视图"菜单中选择"起始页"菜单项,如图 1-1-2 所示。

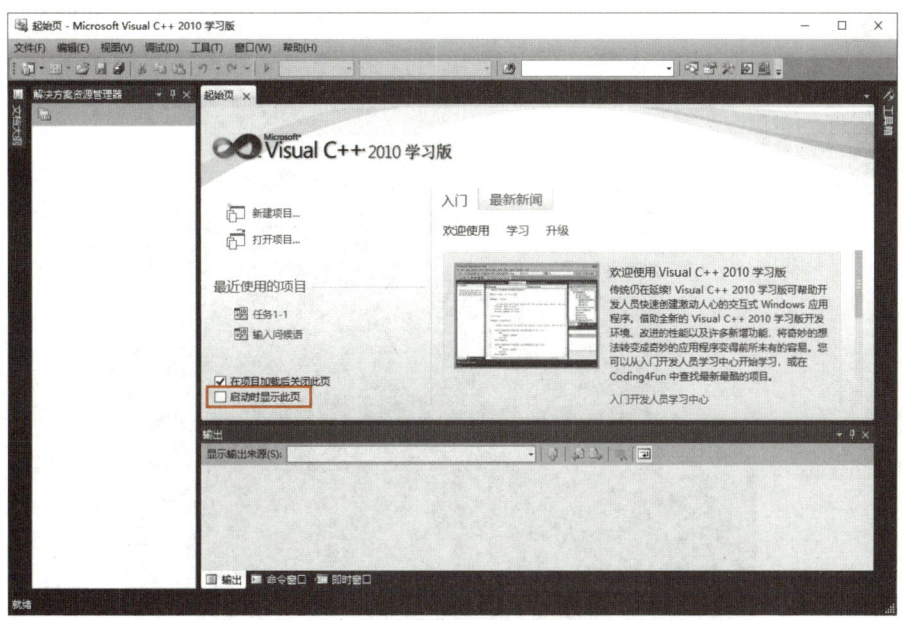

图 1-1-1 Visual C++ 2010 的起始页

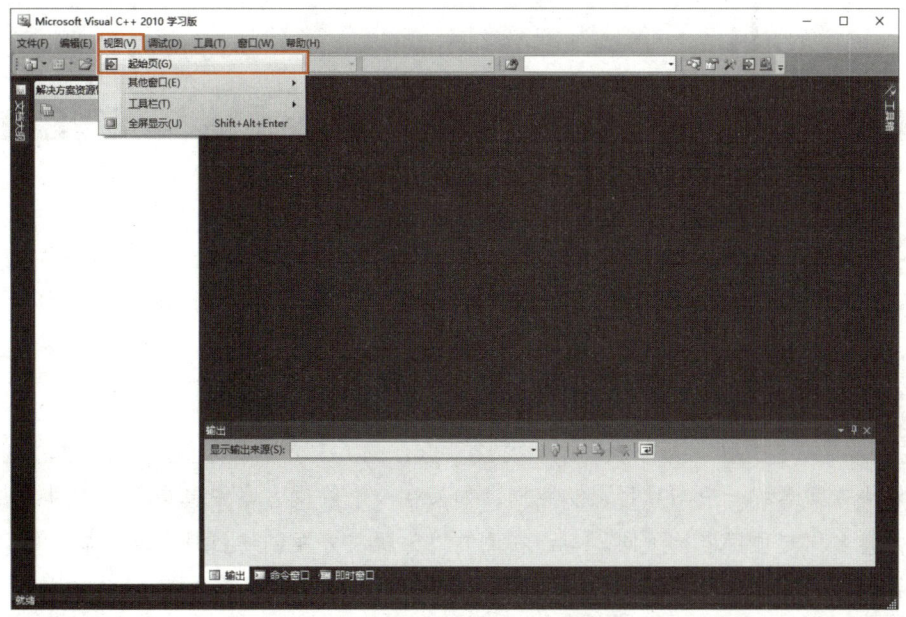

图 1-1-2 选择"起始页"菜单项

任务实施

一、新建项目

步骤1 在 Visual C++ 2010 主窗口中选择"文件"→"新建"→"项目"菜单项，如图 1-1-3 所示。

Visual C++ 2010

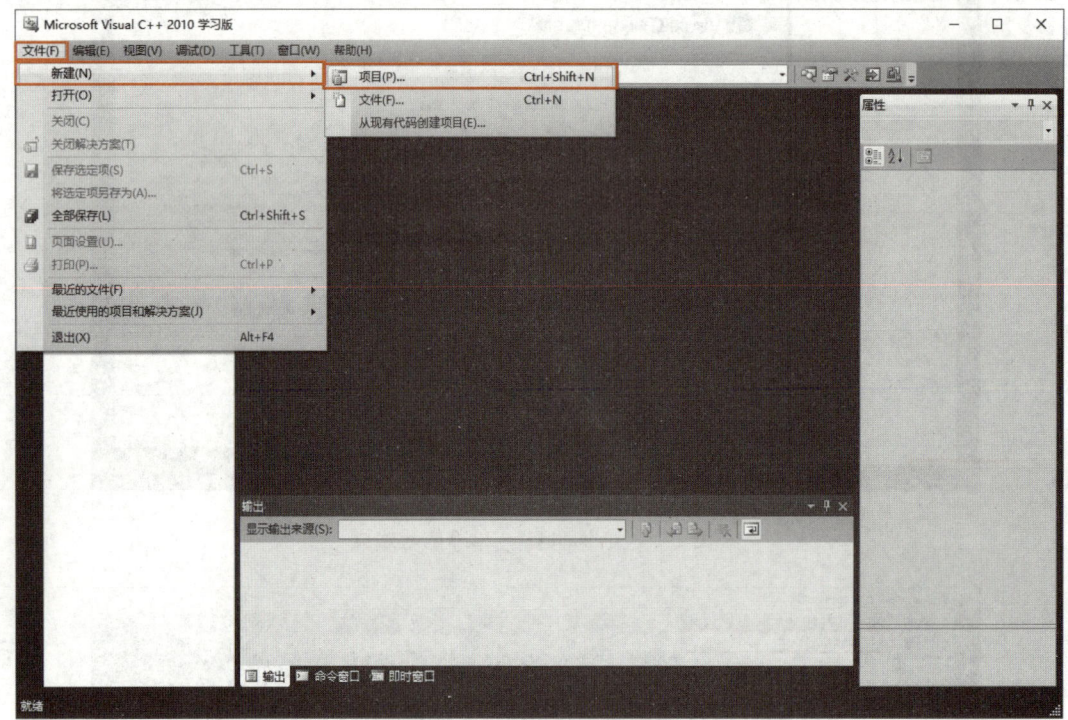

图 1-1-3 新建项目菜单

步骤2 在打开的"新建项目"对话框中，选择"Win32 控制台应用程序"选项，并在"名称"编辑框中输入项目的名称，单击"位置"右侧的"浏览"按钮，选择项目保存路径（也可在"位置"编辑框中输入路径），然后单击"确定"按钮，如图 1-1-4 所示。

> **提示**
>
> 解决方案名称一般与项目名称相同，如果在一个解决方案中包含几个项目，则可使解决方案名称与项目名称不同。勾选右侧的"为解决方案创建目录"复选框，便会在指定位置的目录下创建一个解决方案文件夹。

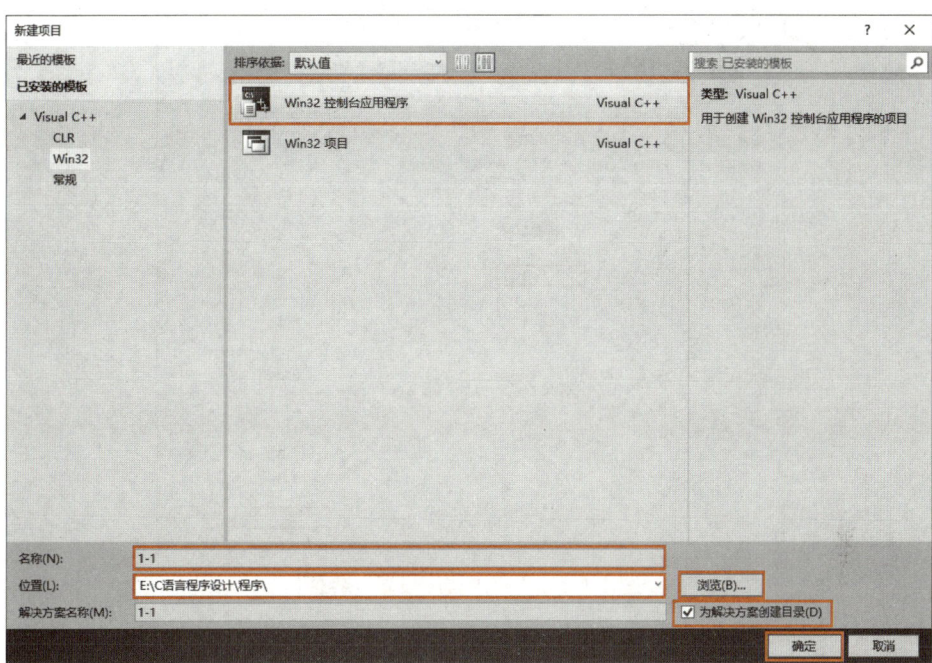

图 1-1-4 "新建项目"对话框

步骤 3 打开"Win32 应用程序向导"对话框，在欢迎界面中单击"下一步"按钮，如图 1-1-5 所示。

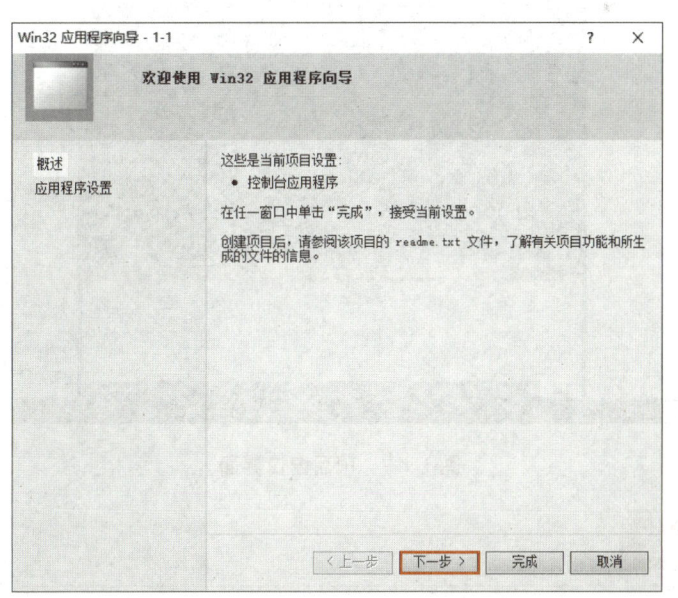

图 1-1-5 "Win32 应用程序向导"欢迎界面

步骤 4 打开"应用程序设置"界面，在"附加选项"组中勾选"空项目"复选框后，单击"完成"按钮，如图 1-1-6 所示。

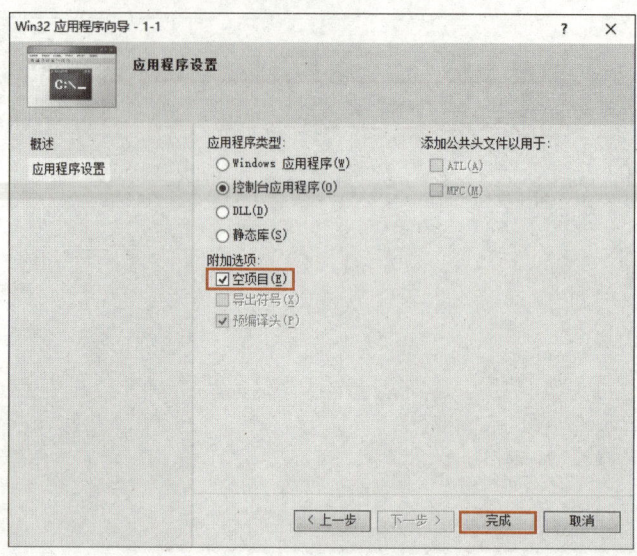

图 1-1-6 "应用程序设置"界面

步骤 5 返回主窗口,新建项目完成,如图 1-1-7 所示。

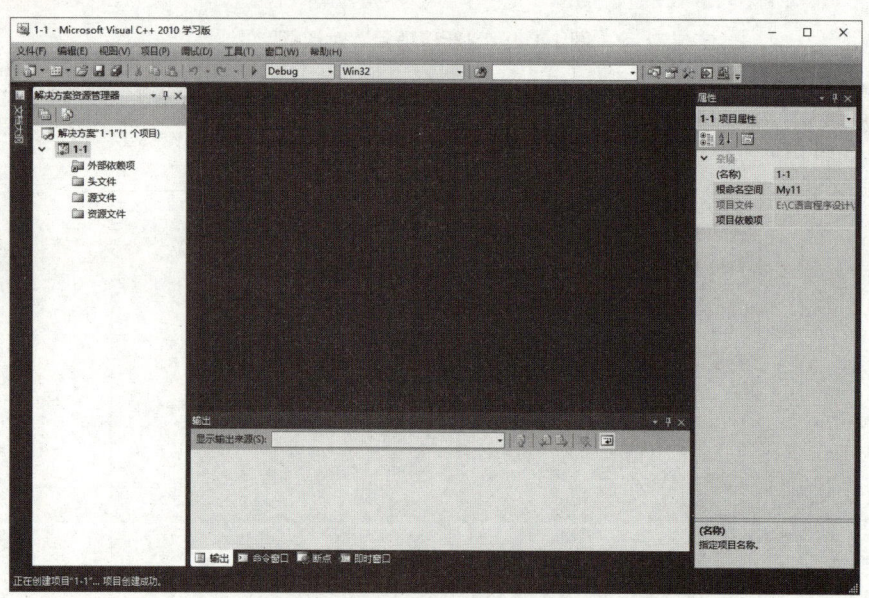

图 1-1-7 项目窗口界面

高手点拨

主窗口的左侧为"解决方案资源管理器"窗格,若此窗格关闭,可选择"窗口"→"重置窗口布局"菜单项将其恢复。

二、新建源程序

创建好项目后，就可以新建源程序文件了。

步骤 1 右击项目名称"1-1"，在打开的快捷菜单中选择"添加"→"新建项"菜单项，如图 1-1-8 所示。

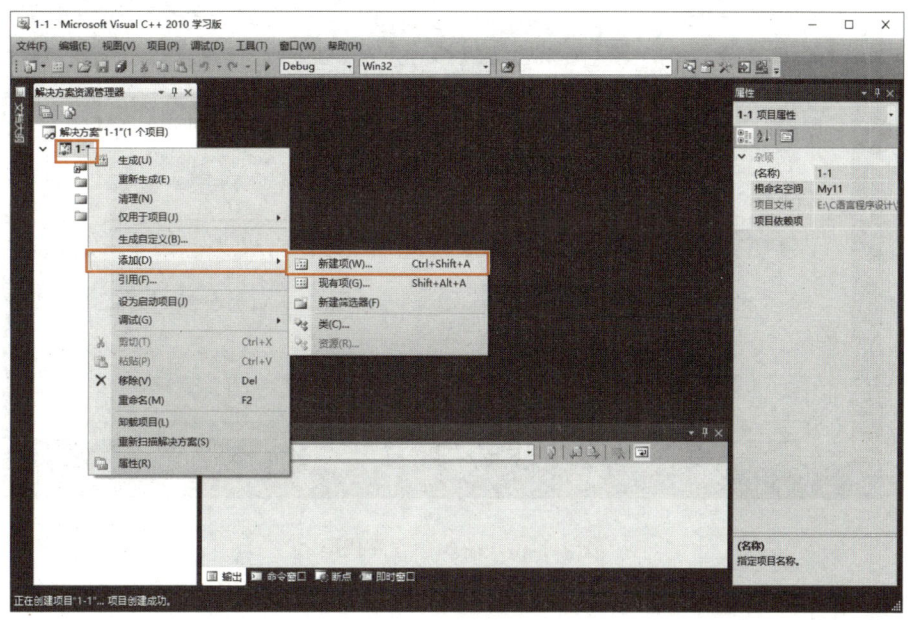

图 1-1-8 为项目添加新建项

步骤 2 在打开的"添加新项"对话框中，选择"C++文件（.cpp）"选项，在"名称"编辑框中输入"1-1.c"，然后单击"添加"按钮，如图 1-1-9 所示。

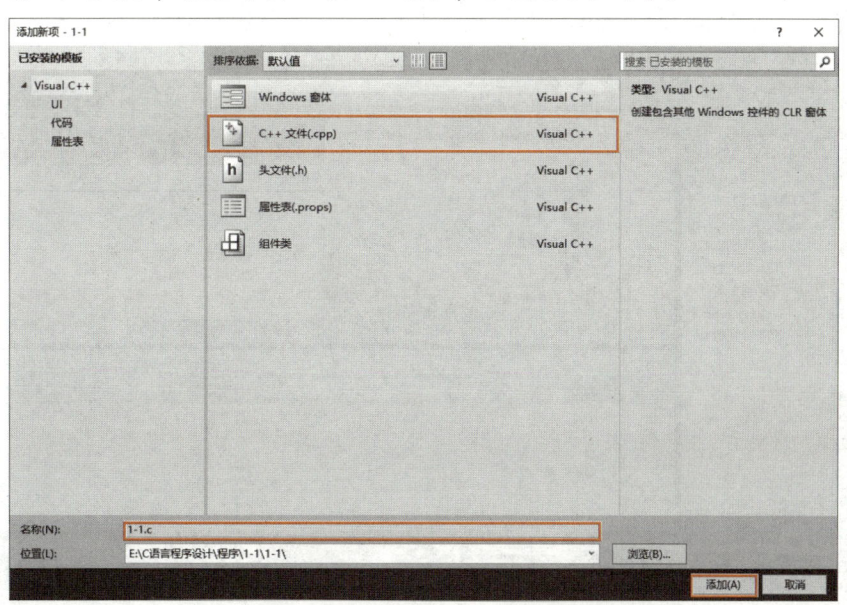

图 1-1-9 "添加新项"对话框

步骤 3 进入"1-1.c"编程界面,在源程序编写区域输入 C 程序代码,如图 1-1-10 所示。

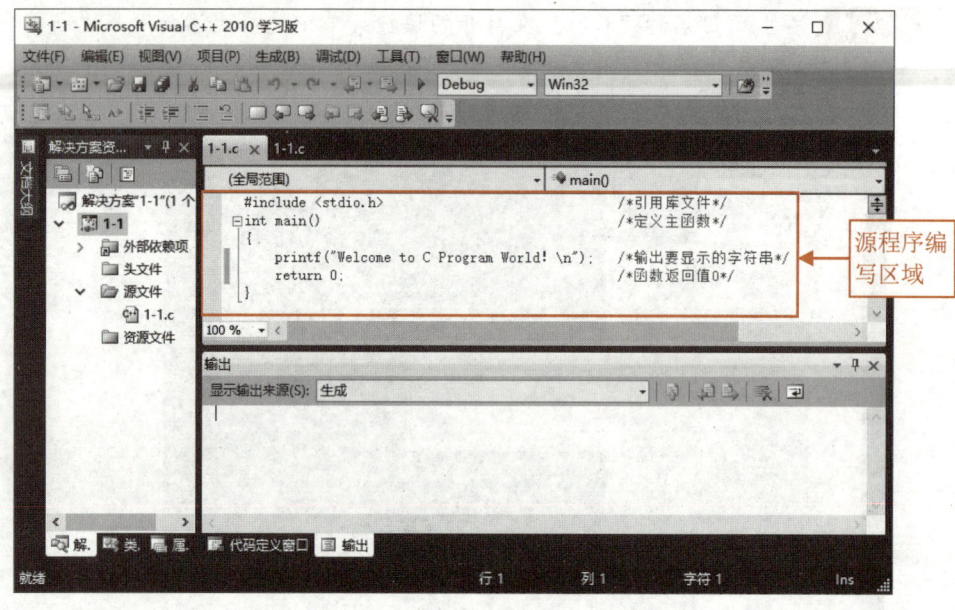

图 1-1-10　输入 C 程序代码

三、编译和连接程序

源程序编写完成后,选择"生成"→"生成解决方案"菜单项(见图 1-1-11),即可对程序进行编译,编译结果将显示在"输出"窗口,如图 1-1-12 所示。

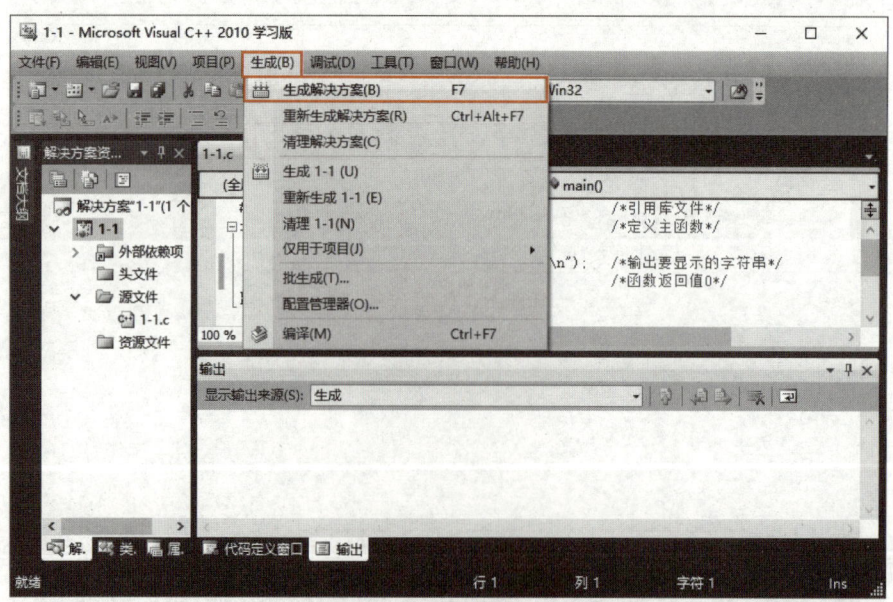

图 1-1-11　编译和连接程序

项目一　C程序概述——欢迎进入C语言世界

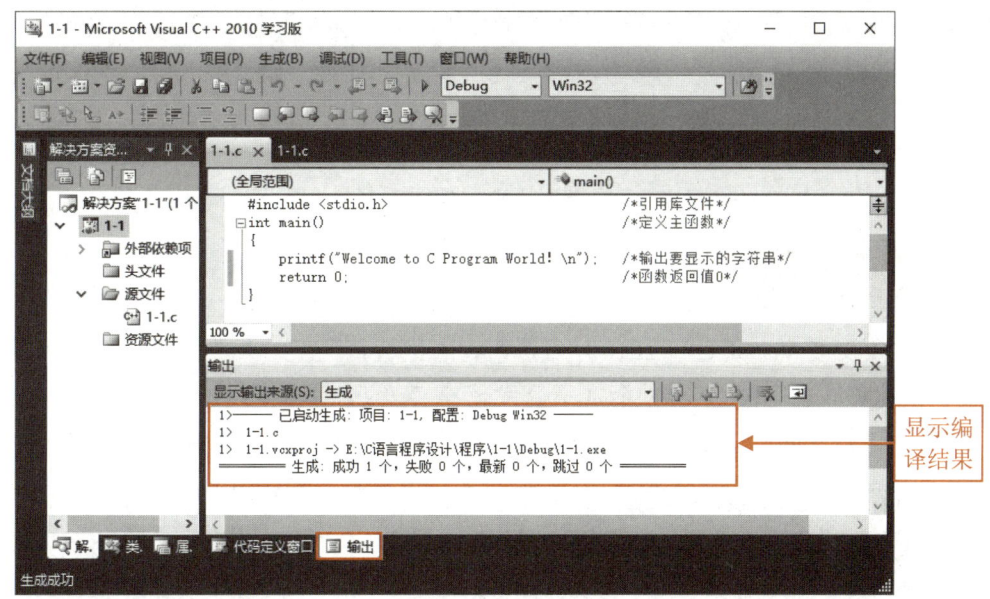

图 1-1-12　编译结果

四、运行程序

编译成功后，选择"调试"→"开始执行（不调试）"菜单项（见图 1-1-13），此时会弹出运行结果窗口，显示程序运行结果，如图 1-1-14 所示。在该窗口下，可按任意键结束程序运行并关闭窗口。

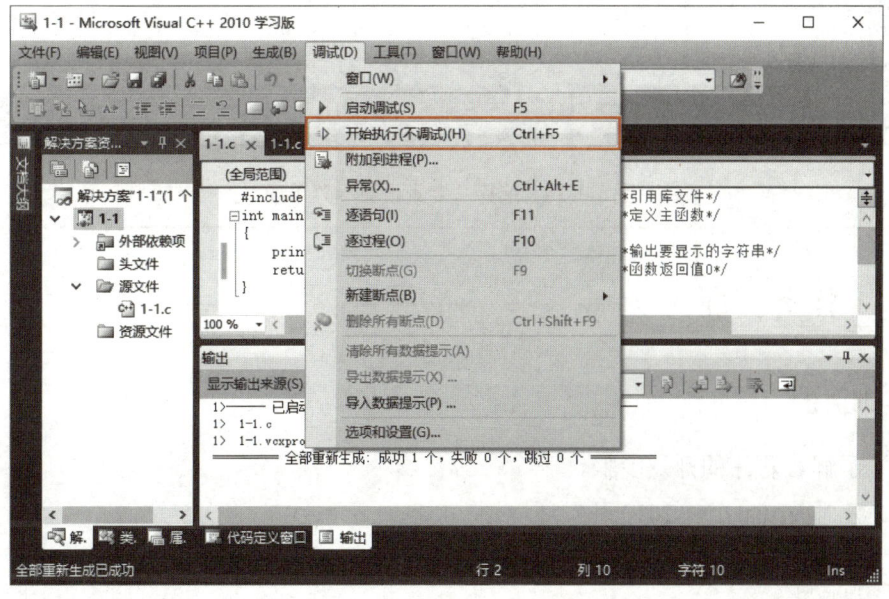

图 1-1-13　运行可执行程序

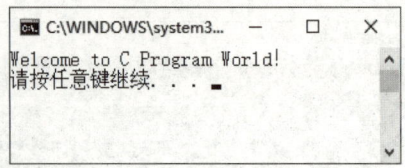

图 1-1-14　程序运行结果

小技巧

初次安装 Visual C++ 2010 学习版后，在默认情况下，菜单可能是简化的。例如，"调试"菜单下没有"开始执行（不调试）"等菜单项，此时可通过选择"工具"→"设置"→"专家设置"菜单项将菜单设置为专家模式，如图 1-1-15 所示。

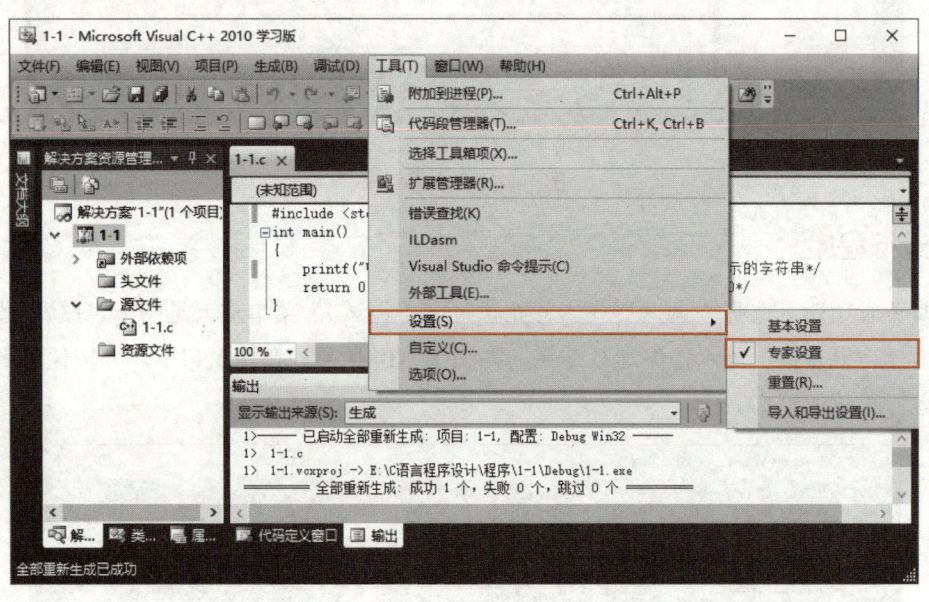

图 1-1-15　选择"专家设置"菜单项

任务实训

一、实训目的

（1）了解 C 程序的开发步骤。
（2）熟悉 Visual C++ 2010 开发环境。

二、实训内容

（1）运行 Visual C++ 2010，新建项目并在此项目中新建源程序文件。

（2）进入程序编辑窗口，在编辑区输入以下源程序。

```c
#include <stdio.h>                    /*引用库文件*/
int main()                            /*定义主函数*/
{
    printf("恰同学少年, \n");          /*输出"恰同学少年,"并换行*/
    printf("风华正茂; \n");            /*输出"风华正茂;"并换行*/
    printf("书生意气, \n");            /*输出"书生意气,"并换行*/
    printf("挥斥方遒。\n");            /*输出"挥斥方遒。"并换行*/
    printf("指点江山, \n");            /*输出"指点江山,"并换行*/
    printf("激扬文字, \n");            /*输出"激扬文字,"并换行*/
    printf("粪土当年万户侯。\n");      /*输出"粪土当年万户侯。"并换行*/
    return 0;                          /*函数返回值0*/
}
```

（3）编译、连接源程序，查看编译结果信息。如果出现错误信息，则认真检查，找到原因并进行修改，然后再编译、连接，直至没有错误。

（4）运行程序，分析运行结果。请将编程过程中遇到的问题、解决办法及程序运行结果填入表1-1-3中。

▶ 表1-1-3 实训过程

遇到的问题	解决办法	运行结果

诗词之美

《沁园春·长沙》是毛主席于1925年晚秋途经长沙，重游橘子洲时所作的词。通过对长沙秋景的描绘和对青年时代革命斗争生活的回忆，抒发了革命青年对国家命运的感慨和以天下为己任，蔑视反动统治者，改造旧中国的豪情壮志。

沁园春·长沙

独立寒秋，湘江北去，橘子洲头。看万山红遍，层林尽染；漫江碧透，百舸争流。鹰击长空，鱼翔浅底，万类霜天竞自由。怅寥廓，问苍茫大地，谁主沉浮？

携来百侣曾游。忆往昔峥嵘岁月稠。恰同学少年，风华正茂；书生意气，挥斥方遒。指点江山，激扬文字，粪土当年万户侯。曾记否，到中流击水，浪遏飞舟？

班级_____ 姓名_____ 学号_____

任务二 编写第一个 C 程序

 任务工单

一、任务描述

任务一介绍了 C 程序的开发环境，带领大家熟悉了使用 Visual C++ 2010 编写、编译、连接和运行 C 程序的步骤，但是未对编写的 C 程序进行解释。本任务将带领大家学习 C 程序的基本结构，并编写第一个属于自己的 C 程序。要求 C 程序的输出结果如下：

****
这是我的第一个 C 程序
****

二、分组讨论

全班学生以 3~5 人为一组进行分组，各组选出组长。请组长组织组员查找相关资料，并预习知识链接，完成下列问题。

问题 1：C 程序中有且仅有一个_____函数。

问题 2：C 程序是由函数构成的，函数是构成 C 程序的基本单位。请查找资料了解函数的概念并写出函数的基本结构形式。

问题 3：C 程序中每条语句必须以_____结束。

问题 4：C 程序的注释常以_____开头，以_____结束。也可使用_____作为注释的起始标识。

班级_____ 姓名_____ 学号_____

三、实践操作

使用 Visual C++ 2010 编写你的第一个 C 程序，请将实践过程中遇到的问题及解决办法记录在表 1-2-1 中。

▶ 表 1-2-1 实践操作过程

序号	主要问题	解决办法
1		
2		
3		

四、任务评价

请各组选出一名代表展示实践操作的成果，并配合老师完成任务评价，将评价结果填入表 1-2-2 中。

▶ 表 1-2-2 任务评价

评价项目	评价内容	评价分数			
		分值	自评	互评	师评
职业素养考核项目（30%）	考勤、仪容仪表	10 分			
	安全意识、责任意识	10 分			
	团队合作与交流	10 分			
专业能力考核项目（70%）	积极参与教学活动	5 分			
	正确理解任务要求	5 分			
	认真查找任务所需资料并参与讨论	15 分			
	实践操作过程记录表的完成度	15 分			
	程序运行结果是否正确	15 分			
	能否描述 C 程序的基本结构	15 分			
综合评分_____	自评（20%）+互评（20%）+师评（60%）	100 分			
综合评语		教师（签字）：			

项目一　C 程序概述——欢迎进入 C 语言世界

知识链接

一、C 程序的基本结构

任务一带领大家在 Visual C++ 2010 中输入了一个简单的 C 程序。

第一个 C 程序

```
#include <stdio.h>                    /*引用库文件*/
int main()                            /*定义主函数*/
{
    printf("Welcome to C Program World!\n");/*输出要显示的字符串*/
    return 0;                         /*函数返回值0*/
}
```

此程序是一个由预处理命令和主函数组成的简单 C 程序，下面分别解释各行代码的含义。

第 1 行：预处理命令。

```
#include <stdio.h>
```

include 称为文件包含命令，后面尖括号中的内容称为头文件。stdio.h 是 C 程序的系统文件，stdio 是 "standard input & output（标准输入输出）" 的缩写，.h 是文件的扩展名。由于程序的第 4 行使用了库函数 printf()，编译系统要求程序提供有关此函数的信息（如对这些输入输出函数的声明和宏的定义、全局变量的定义等），所以此处需要这条命令。

第 2 行：函数头。

```
int main()
```

其中，main 是函数的名字，表示"主函数"，main 前面的 int 表示函数的返回值是 int 类型（整型）。每个 C 程序都必须有一个 main() 函数。

第 3 行到第 6 行：函数体。

```
{
    printf("Welcome to C Program World!\n");/*输出要显示的字符串*/
    return 0;                         /*函数返回值0*/
}
```

函数体必须用大括号{}括起来，函数体中每条语句后都要加分号，表示语句结束。在该函数体中，printf() 是 C 编译系统提供的函数库中的输出函数，用于在屏幕上输出内容，输出语句中双引号中间可以是字母、符号及中文字符等（其中，"\n"表示换行）。"return 0;"的作用是当 main() 函数执行结束时将整数 0 作为函数值返回到调用函数处。

在程序各行的右侧可以看到关于这行代码的文字描述（用/*和*/括起来），称为代码注释。其作用是对代码进行解释说明,以增加程序的可读性。

通过以上分析可以看出,C 程序的结构主要有以下特点。

(1) 一个 C 程序由一个或多个源程序文件组成。一个规模较小的程序,往往只包括一个源程序文件(本书中的例子都是基于一个源程序文件的)。

(2) C 程序是由函数构成的,函数是 C 程序的基本单位。任何一个 C 程序必须包含且仅包含一个 main() 函数,可以包含零个或多个其他函数。

(3) 一个函数由两部分组成:函数头和函数体。函数头用于定义函数名和返回值类型,如 int main();函数体为函数头下面大括号{}内的部分,用于实现函数的具体功能。

(4) C 程序总是从 main() 函数开始执行,到 main() 函数结束,与 main() 函数所处的位置无关。

(5) C 程序中每条语句和数据定义的最后必须有一个分号。分号是 C 语句的必要组成部分,必不可少。

(6) 一个好的、有使用价值的 C 程序都应当加上必要的注释,以增加程序的可读性。

知识库

C 程序允许用两种注释方式。

(1) 以//开始的单行注释。这种注释可以单独占一行,也可以出现在一行中其他内容的右侧。此种注释的范围从//开始,以换行符结束,即这种注释不能跨行。若注释内容一行内写不下,可以用多个单行注释。例如:

printf("你好,C 语言!\n");   //输出要
//显示的字符串

(2) 以/*开始,以*/结束的块式注释。这种注释可以单独占一行,也可以包含多行。编译系统在发现一个/*后,会开始查找注释结束符*/,然后把两者之间的内容作为注释。

二、C 程序的格式特点

通过上面的实例可以看出,C 程序有一定的格式特点,具体如下。

(1) 函数体中的大括号用来表示程序的结构层次,左右大括号须成对使用。

小技巧

在编写程序时,为了防止对应大括号的遗漏,建议先将两个对应的大括号输入程序中,再往括号中添加代码。

(2) 在程序中,可以使用英文的大写字母,也可以使用小写字母。但要注意的是,C 程序是区分字母大小写的,即大写字母和小写字母代表不同的字符,如"a"和"A"是

两个完全不同的字符。一般情况下，C 程序中使用小写字母较多，但在定义常量时会使用大写字母。

（3）在程序中，空格和空行不会影响程序的执行。合理地使用这些空格和空行，可以使编写的程序更加规范，有助于日后的阅读和整理。

（4）C 程序书写格式自由，一行内可以写多条语句，一条语句也可以分写在多行。但为了有良好的编程风格，最好将一条语句写在同一行。

（5）代码缩进统一为 4 个字符。建议不使用空格，而使用"Tab"键。例如，以下程序虽然是正确的，但是由于书写格式不规范，因而不利于阅读和理解，应参照任务一的格式进行书写。

```
#include <stdio.h>
int main()
{printf("Welcome to Program World! \n");return 0;}
```

三、常见错误分析

1. 语句后缺少分号

分号是 C 程序语句的重要组成部分，每条语句及数据定义末尾必须有分号。很多初学者在编写程序时很容易漏写。例如：

```
#include <stdio.h>
int main()
{
    printf("Hello World!\n")        /*语句后缺少分号*/
    return 0;
}
```

编译错误信息如图 1-2-1 所示。

图 1-2-1　缺少分号的编译错误信息

【错误分析】　提示语法错误，第 5 行"return"前缺少分号。这是因为，程序在编译时，编译器在"printf("Hello World!/n")"语句后没有发现分号，会接着检查下一行是否有分号，编译器会认为"return 0"也是上一行语句的一部分，直到分号结束。

> **小技巧**
>
> 在调试程序时,如果在编译器指出有错的行中找不到错误,应该在该行的上下行中检查。

2. 语句中出现中文字符

C 程序的语句只识别英文字符(提示信息和注释信息除外),中文字符无法编译。例如:

```c
#include <stdio.h>
int main()
{
    printf("Hello World!\n");    /*使用了中文双引号*/
    return 0;
}
```

编译错误信息如图 1-2-2 所示。

图 1-2-2 使用中文字符的编译错误信息

【错误分析】 此程序之所以出现错误,是因为 printf()函数中使用了中文双引号,使得程序在编译时发现了编译器无法处理的字符。

3. 大括号不成对出现

C 程序的函数体中,左右大括号要成对使用。初学者在编写程序时很容易忘掉右侧的大括号。例如:

```c
#include <stdio.h>
int main()
{
    printf("Hello World!\n");
    return 0;            /*缺少右侧大括号*/
```

编译错误信息如图 1-2-3 所示。

图 1-2-3　缺少右侧大括号的编译错误信息

【错误分析】　错误提示，在第 6 行中，与左侧的大括号 "{" 匹配之前遇到文件结束。出现这类错误时，通常需要核对大括号是否成对出现。

4. 程序连接出错

一般情况下，程序编译完成后如果没有错误，在连接程序时就很少发生错误了，除非是调用函数出了问题。例如：

```
#include <stdio.h>
int main()
{
    print("Hello World!\n");    /*printf()函数名写错了*/
    return 0;
}
```

连接程序时提示错误信息，如图 1-2-4 所示。

图 1-2-4　连接错误信息

【错误分析】　编译没有错误，说明语法没有错。但在连接时出现"无法解析的外部符号 _print，该符号在函数 _main 中被引用"的错误信息，这表示编译器遇到无法解析的外部符号 print。一般来说，当遇到这类错误时通常需要检查函数名是否输错。

一、任务分析

程序要求输出 3 行字符串，故需要在主函数中调用 3 次 printf() 函数。要调用 printf() 函数，须使用文件包含命令包含系统文件 "stdio.h"。

二、参考程序

```c
#include <stdio.h>                          /*引用库文件*/
int main()
{
    printf("********************\n");       /*输出一行"*"*/
    printf("这是我的第一个C程序\n");        /*输出"这是我的第一个C程序"*/
    printf("********************\n");       /*输出一行"*"*/
    return 0;                                /*函数返回值0*/
}
```

三、运行结果

运行 Visual C++ 2010，新建项目并在此项目中新建源程序文件。在编辑区输入以上程序，生成解决方案并运行程序。最终的运行结果如图 1-2-5 所示。

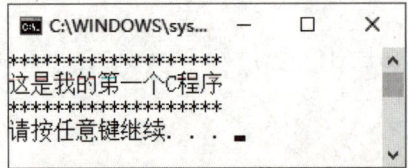

图 1-2-5　第一个 C 程序运行结果

任务实训

一、实训目的

（1）掌握 C 程序的基本结构。
（2）学会查看编译器给出的错误信息，分析并修改程序。

二、实训内容

（1）以下程序是完全正确的，但是由于书写格式不规范，因而不利于阅读和理解。
① 输入以下程序。

```c
#include <stdio.h>
int main()
{int a,b;
printf("请输入两个整数："); scanf("%d%d",&a,&b);
```

```
if(a>b)   printf("max=%d\n",a);   else printf("max=%d\n",b);
return 0;}
```

② 修改程序使其便于阅读和理解。

③ 编译、连接并运行程序。运行时从键盘输入"2 3",然后按"回车"键,观察并分析运行结果。请将实训过程填入表 1-2-3 中。

▶ 表 1-2-3　实训过程 1

修改后的程序	运行结果

(2) 找出以下程序中的错误并修改,然后上机验证。请将实训过程填入表 1-2-4 中。

```
#include<stdio.h>
int main()
{   int a,b,c;
    a=5;
    b=8;
    c=a+b
    printf("%d+%d=%d\n",a,b,c);
    return 0;
}
```

▶ 表 1-2-4　实训过程 2

错误原因	修改后的程序	运行结果

项目考核

一、选择题

（1）以下叙述不正确的是（   ）。

  A．C 程序的基本组成单位是语句

  B．一个 C 程序必须包含一个 main() 函数

  C．一个 C 程序可由一个或多个函数构成

  D．在 C 程序编译过程中，不能发现注释中的拼写错误

（2）在程序开发过程中，把源程序转化为目标程序的过程称为（   ）。

  A．编辑   B．编译   C．连接   D．运行

（3）在 C 程序中，main() 函数的位置是（   ）。

  A．必须作为第一个函数   B．必须作为最后一个函数

  C．可以放在任意位置   D．必须放在它所调用的函数之后

（4）C 程序文件的扩展名为（   ）。

  A．.exe   B．.txt   C．.obj   D．.c

（5）一个 C 程序的执行是从（   ）。

  A．本程序的 main() 函数开始，到 main() 函数结束

  B．本程序的第一个函数开始，到本程序的 main() 函数结束

  C．本程序的 main() 函数开始，到本程序的最后一个函数结束

  D．本程序的第一个函数开始，到本程序的最后一个函数结束

二、编程题

使用 Visual C++ 2010 编写 C 程序，输出如图 1-3-1 所示的图案。

图 1-3-1　屏幕输出图案

项目二

算法——程序设计的灵魂

项目导读

广义上说，算法是完成某件事情的方法和步骤。在计算机领域，算法即为计算机解决问题的处理步骤。著名的计算机科学家沃思（N.Wirth）曾提出一个经典公式：

数据结构＋算法＝程序

这一公式说明编写程序的关键就在于合理地组织数据和设计算法，如果说数据结构是程序的躯体，那么算法就是程序的灵魂。

知识目标

- 了解算法的概念和特点。
- 掌握流程图和 N-S 流程图的表示方法。

能力目标

- 学会绘制流程图和 N-S 流程图。
- 能利用流程图和 N-S 流程图表示算法。

素质目标

- 学会多角度看待问题，转换角度解决问题。
- 养成事前规划、事后总结的习惯。

班级_____　　姓名_____　　学号_____

任务一　解析汉诺塔游戏

任务工单

一、任务描述

汉诺塔（Towers of Hanoi）游戏描述：有 3 根金刚石柱子，在其中一根柱子上，从下往上按从大到小的顺序摆着 64 片黄金圆盘，现要求把圆盘按原顺序重新摆放在另一根柱子上，并且规定，在小圆盘上不能摆放大圆盘，且在 3 根柱子之间一次只能移动一个圆盘。汉诺塔游戏模型如图 2-1-1 所示。

图 2-1-1　汉诺塔游戏模型

本任务将带领大家一起来研究汉诺塔游戏的玩法，并分析其具体步骤。

二、分组讨论

全班学生以 3～5 人为一组进行分组，各组选出组长。请组长组织组员查找相关资料，并预习知识链接，完成下列问题。

问题 1：请制作一个 3 个圆盘的汉诺塔游戏模型，模拟汉诺塔游戏的步骤，请记录移动圆盘的步骤并比一比谁完成得最快。

问题 2：华罗庚先生在《统筹方法》这篇文章中介绍了不同的泡茶步骤。你从中学到了什么？请在小组内分享你的收获吧。

29

班级_____   姓名_____   学号_____

三、实践操作

在汉诺塔游戏中，试将 4 个圆盘从 A 柱移动到 C 柱，验证任务实施中的算法描述是否正确。请将实践过程中遇到的问题和解决办法记录在表 2-1-1 中，实践过程可以用视频或文字形式提交。

▶ 表 2-1-1　实践操作过程

序号	主要问题	解决办法
1		
2		
3		

四、任务评价

请各组选出一名代表展示实践操作的成果，并配合老师完成任务评价，将评价结果填入表 2-1-2 中。

▶ 表 2-1-2　任务评价

评价项目	评价内容	评价分数			
		分值	自评	互评	师评
职业素养考核项目（30%）	考勤、仪容仪表	10 分			
	安全意识、责任意识	10 分			
	团队合作与交流	10 分			
专业能力考核项目（70%）	积极参与教学活动	5 分			
	正确理解任务要求	5 分			
	认真查找任务所需资料并参与讨论	15 分			
	实践操作过程记录表的完成度	15 分			
	是否理解算法的含义	15 分			
	汉诺塔游戏描述是否合理	15 分			
综合评分_____	自评（20%）+互评（20%）+师评（60%）	100 分			
综合评语		教师（签字）：			

项目二 算法——程序设计的灵魂

 知识链接

一、什么是算法

算法是为解决某一问题而提出的准确而完整的方案，是解决问题的方法和步骤。例如，乘坐火车通常可分为以下几步：购买车票→进站→刷证件→上车→到达目的地→下车。这些步骤是按一定顺序进行的，缺一不可。

在计算机领域，算法是对计算机中执行的运算过程的具体描述，包括数值运算算法和非数值运算算法。数值运算的目的是求数值解，如求三角形面积、方程求解等。非数值运算涉及面比较广，如人事信息管理、成绩管理、图书管理等。

对于同一个问题，不同的人往往会有不同的解题方法和步骤。例如，计算 $S=1+2+3+\cdots+99+100$ 的值。有人会采用逐个数相加的方法，即先计算 1 加 2，再加 3，再加 4，如此反复，一直加到 100；而有人会利用巧算公式先计算 1+99、2+98、3+97……，再计算有多少个这样的加法；还有人会利用等差数列的求和公式 $S=\dfrac{(a_1+a_n)\times n}{2}$ 来进行计算。显然，相比第一种算法，后面两种算法要简单很多。

由此可见，对于同一个问题的解题方法也有优劣之分，为了有效地进行解题，不仅需要保证算法的正确性，还需要考虑算法的质量。

二、算法的特点

一般来讲，一个有效的算法应具有以下 5 个特点。

（1）有穷性。一个算法必须在执行有限个操作步骤后终止，且每一个步骤都须在有限的时间内完成。例如，等差数列求和时，这个数列必须是有限的，如果没有这个限制，计算机将一直累加下去而无法停止。

（2）确定性。算法中每步操作的含义都必须是明确的，即为要执行的每步操作做出清晰而严格的规定。例如，在温度控制程序中，不能出现诸如"温差较大时，系统迅速升温或降温"等模糊词语。

（3）有效性，也称可行性。即算法中的每步操作都应该能有效执行，一个不可执行的操作是无效的。例如，一个数除以 0 就是一个无效操作，应当避免这种操作。

（4）有零个或多个输入。这里的输入是指在算法开始之前所需要的初始数据。输入的多少取决于特定的问题。例如，求等差数列 $1+2+3+\cdots+n$ 的累加和时，需要输入 n 的值；再如，项目一中的任务只有输出而没有输入。

（5）有一个或多个输出。在一个完整的算法中至少会有一个输出。编写程序的目的就是要得到一个结果，如果程序运行完没有任何结果输出，那编写程序也就失去了意义。

> 提示
>
> 算法的输出可以是计算机的打印输出或屏幕输出,也可以是执行某些不向外输出显示的操作,如修改系统设置等。

任务实施

一、任务分析

将汉诺塔游戏抽象为数学问题。如图 2-1-2 所示,从左到右有 A、B、C 三根柱子,其中,A 柱有从小叠到大的 n 个圆盘。现要求将 A 柱的圆盘移动到 C 柱,移动时应遵守一个规则:一次只能移动一个圆盘,且大圆盘只能在小圆盘下面,求移动的步骤和移动的次数。

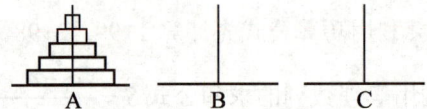

图 2-1-2 汉诺塔游戏框图

二、算法分析

根据汉诺塔游戏的规则,要想将 n 个圆盘从 A 柱移动到 C 柱,须先将上面的 $n-1$ 个圆盘移动到 B 柱,然后就可以将第 n 个圆盘直接从 A 柱移动到 C 柱,最后将移走的 $n-1$ 个圆盘从 B 柱移动到 C 柱。因此,该问题转换成了移动 $n-1$ 个圆盘的问题。

要将 $n-1$ 个圆盘从 A 柱移动到 B 柱,须先将上面的 $n-2$ 个圆盘移动到 C 柱,然后将第 $n-1$ 个圆盘从 A 柱移动到 B 柱,最后将移走的 $n-2$ 个圆盘从 C 柱移动到 B 柱。可见,该问题转换成了移动 $n-2$ 个圆盘的问题。

依此类推,最终转换成移动最上面 1 个圆盘的问题。

为了便于理解,先来分析将 3 个圆盘从 A 柱移动到 C 柱的过程。移动前的情况如图 2-1-3(a)所示。

移动步骤如下:

(1)将上面的 2 个圆盘从 A 柱移动到 B 柱(借助 C 柱),如图 2-1-3(b)所示;

(2)将第 3 个圆盘从 A 柱移动到 C 柱,如图 2-1-3(c)所示;

(3)将 2 个圆盘移动到 C 柱(借助 A 柱),如图 2-1-3(d)所示。

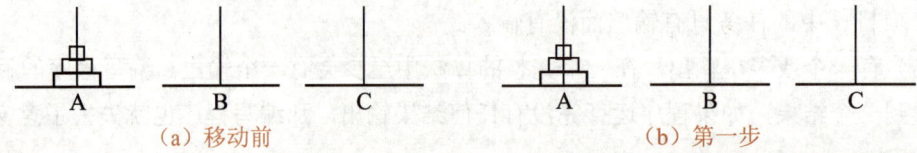

(a)移动前　　　　　　　　　　　(b)第一步

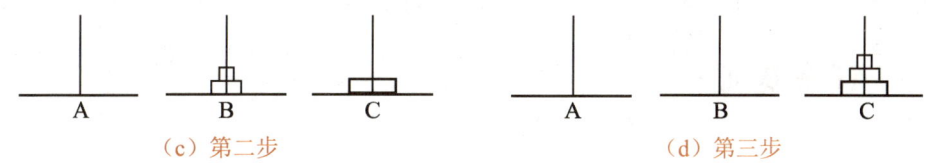

（c）第二步　　　　　　　　（d）第三步

图 2-1-3　3 个圆盘的移动过程

其中第（2）步可直接实现，第（1）步和第（3）步又可分解为 3 步。

第（1）步可分解为如下步骤：① 将第 1 个圆盘从 A 柱移动到 C 柱；② 将第 2 个圆盘从 A 柱移动到 B 柱；③ 将第 1 个圆盘从 C 柱移动到 B 柱。

第（3）步可分解为如下步骤：① 将 B 柱上第 1 个圆盘移动到 A 柱；② 将 B 柱上剩余的圆盘移动到 C 柱；③ 将 A 柱上的圆盘移动到 C 柱。

将以上步骤综合起来，将 3 个圆盘从 A 柱移动到 C 柱共经历 7（即 2^3-1）步，即 A→C、A→B、C→B、A→C、B→A、B→C、A→C。

将 4 个圆盘从 A 柱移动到 C 柱共经历 15（即 2^4-1）步，即将上面的 3 个圆盘从 A 柱移动到 B 柱（7 步），然后将第 4 个圆盘移动到 C 柱（1 步），再将上面的 3 个圆盘从 B 柱移动到 C 柱（7 步）。

由上面的分析可以推断，将 n 个圆盘从 A 柱移动到 C 柱需经历 2^n-1 步。这些步骤又可以概括为以下 3 步。

（1）将上面的 $n-1$ 个圆盘从 A 柱移动到 B 柱（借助 C 柱）；

（2）将第 n 个圆盘从 A 柱移动到 C 柱；

（3）将 B 柱上的 $n-1$ 个圆盘移动到 C 柱（借助 A 柱）。

三、算法描述

从算法分析可以看出，第（1）步和第（3）步都是把 $n-1$ 个圆盘从一个柱移动到另一个柱，采取的方法是一样的，只是柱子的名称不同而已。将 3 个柱子分别用变量 a、b 和 c 表示，设 n 个圆盘借助 b 柱从 a 柱移动到 c 柱的函数为 Hanoi（n,a,b,c），则算法可用以下文字描述。

S1：如果 n=1，输出 "$a→c$"，结束；否则，执行 S2。

S2：将 $n-1$ 个圆盘从 a 移动到 b（借助 c），即 Hanoi（$n-1,a,c,b$）。

S3：将第 n 个圆盘从 a 移动到 c，即 "$a→c$"。

S4：将 $n-1$ 个圆盘从 b 移动到 c（借助 a），即 Hanoi（$n-1,b,a,c$）。

这种使用 S1、S2 等序号代表执行顺序对算法进行描述的方法称为自然语言表示法。用自然语言表示算法的优点是通俗易懂，缺点是文字冗长，不严谨，表示复杂算法时不方便，故任务二主要介绍流程图表示法。

任务实训

一、实训目的

（1）熟悉算法的概念和特点。
（2）能分析具体问题，并能给出解决问题的方法和步骤。

二、实训内容

韩信点兵又称中国剩余定理，相传汉高祖刘邦问大将军韩信统御兵士多少，韩信答说，每 3 人一列余 1 人、每 5 人一列余 2 人、每 7 人一列余 4 人、每 13 人一列余 6 人。刘邦茫然而不知其数。

设韩信统御兵士人数介于 5 万～6 万，你能帮他算出有多少人吗？请将推算过程填入表 2-1-3 中。

> **提示**
>
> 设兵士人数为 x，则 x 要同时满足以下 4 个条件：① x 除以 3 余 1；② x 除以 5 余 2；③ x 除以 7 余 4；④ x 除以 13 余 6。

▶ 表 2-1-3　实训过程

推算过程	算法描述

> **拓展阅读**
>
> 韩信（约公元前 231 年—公元前 196 年），汉族，淮阴（原江苏省淮阴县，今淮阴区）人，西汉开国功臣，中国历史上杰出的军事家，与萧何、张良并列为汉初三杰。

班级_____　　　姓名_____　　　学号_____

任务二　判定是否是闰年算法描述

任务工单

一、任务描述

除自然语言之外，描述算法的方法还有流程图和 N-S 流程图等。本任务将带领大家学习使用流程图和 N-S 流程图表示算法的方法，并在此基础上使用流程图和 N-S 流程图表示"判定 1900—2500 年中哪些年份是闰年"的算法。

二、分组讨论

全班学生以 3~5 人为一组进行分组，各组选出组长。请组长组织组员查找相关资料，并预习知识链接，完成下列问题。

问题 1：算法的图形表示方法主要有_____和_____两种。

问题 2：C 程序的 3 种基本结构是_____、_____和_____。

问题 3：常用的流程图符号有哪些？请写出它们的含义。

问题 4：试讨论判定某年为闰年的条件。

班级_____   姓名_____   学号_____

三、实践操作

结合判定是否是闰年的当型循环结构流程图和 N-S 流程图,试用直到型循环结构流程图和 N-S 流程图表示该算法,并将实践过程中遇到的问题和解决办法填入表 2-2-1 中。

▶ 表 2-2-1 实践操作过程

主要问题	解决办法	流程图	N-S 流程图

四、任务评价

请各组选出一名代表展示实践操作的成果,并配合老师完成任务评价,将评价结果填入表 2-2-2 中。

▶ 表 2-2-2 任务评价

评价项目	评价内容	评价分数			
		分值	自评	互评	师评
职业素养考核项目（30%）	考勤、仪容仪表	10 分			
	安全意识、责任意识	10 分			
	团队合作与交流	10 分			
专业能力考核项目（70%）	积极参与教学活动	5 分			
	正确理解任务要求	5 分			
	认真查找任务所需资料并参与讨论	15 分			
	实践操作过程记录表的完成度	15 分			
	绘制的流程图是否正确	15 分			
	绘制的 N-S 流程图是否正确	15 分			
综合评分_____	自评（20%）+互评（20%）+师评（60%）	100 分			
综合评语		教师（签字）：			

项目二 算法——程序设计的灵魂

知识链接

一、流程图

流程图用一些图框来表示各种操作,用流程线来表示算法的执行方向。用图形表示算法,直观形象,易于理解。

流程图

1. 流程图符号

美国国家标准协会（American national standards institute，ANSI）规定了一些常用的流程图符号,其名称及含义如表 2-2-3 所示。

▶ 表 2-2-3 流程图符号、名称及含义

图形符号	名称	含义
⬭	起止框	算法的起点和终点,是任何流程图必不可少的
▱	输入、输出框	数据的输入和输出操作
▭	处理框	各种形式数据的处理
◇	判断框	判断条件是否成立,成立时在出口处标注"是"或"Y",不成立时标注"否"或"N"
▯	预定义过程	一个特定过程,如函数
→↓	流程线	连接各个图框,表示执行的顺序
○	连接点	将画在不同地方的流程线连接起来

2. 基本结构

为了提高算法的质量,Bohra 和 Jacopini 在 1966 年提出了 3 种基本结构,即顺序结构、选择结构和循环结构。这 3 种结构之间可以并列,也可以相互包含,但不能交叉。

（1）顺序结构是简单的线性结构，各操作按照它们出现的先后顺序执行。如图 2-2-1 所示，在执行完 A 框中指定的操作后执行 B 框中指定的操作。

【例 2-2-1】 请用流程图表示算法，根据长方形的长和宽，计算其面积。

【问题分析】 要计算长方形的面积，首先需要输入长方形的长 a 和宽 b 的值，然后利用公式 $S=a×b$ 求出面积 S 的值，最后输出 S 的值，其流程图表示如图 2-2-2 所示。

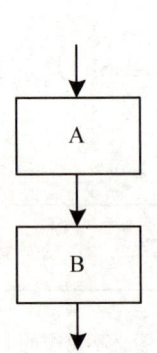

图 2-2-1 顺序结构

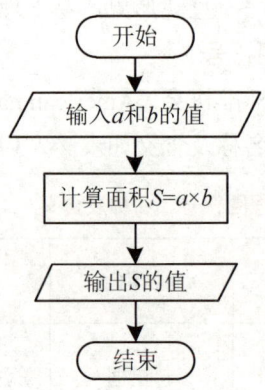

图 2-2-2 计算长方形的面积

（2）选择结构，也称分支结构。在选择结构中必包含一个判断框，根据判断条件 P 是否成立而选择执行 A 框或 B 框，如图 2-2-3 所示。

【例 2-2-2】 请用流程图表示算法，输入某同学某门课程成绩，判断该同学是否通过考试，输出判断结果。

【问题分析】 判断某同学是否通过考试，首先须输入该同学的成绩 score，然后判断 score 是否大于或等于 60，若成立，则表示通过，否则表示未通过，其流程图表示如图 2-2-4 所示。

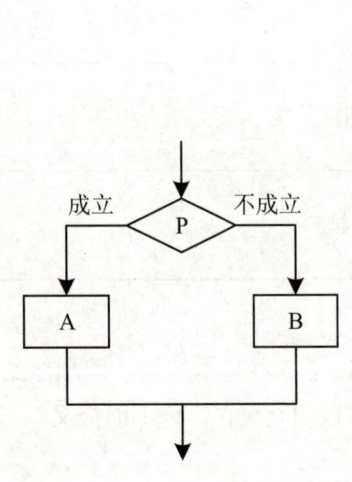

图 2-2-3 选择结构

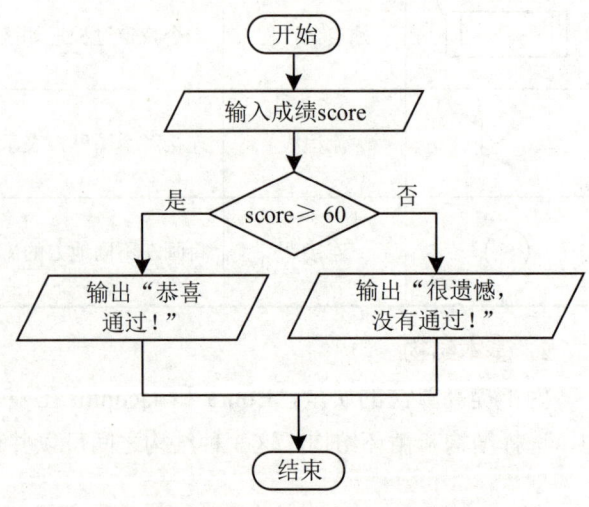

图 2-2-4 判断某同学是否通过考试

高手点拨

在图 2-2-3 中，A 框和 B 框中可以有一个是空的，表示不执行任何操作，但不能同时为空。

（3）循环结构又称重复结构，即反复执行某一部分的操作，直到条件不成立时终止循环。按照判定条件出现的位置不同，可将循环结构分为当型循环结构和直到型循环结构。

当型循环结构（见图 2-2-5），先判断循环条件 P 是否成立，如果成立就执行 A 框中指定的操作，执行完 A 框后再判断循环条件 P 是否成立，如果成立，再次执行 A 框。如此反复，直到循环条件 P 不成立，结束循环。

直到型循环结构（见图 2-2-6），先执行 A 框中指定的操作，然后判断循环条件 P 是否成立，如果成立执行 A 框，然后再判断循环条件 P 是否成立，如果成立，再次执行 A 框。如此反复，直到循环条件 P 不成立，结束循环。

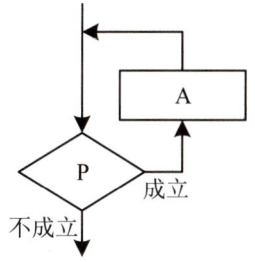

图 2-2-5 当型循环结构

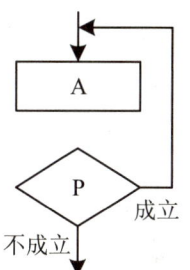

图 2-2-6 直到型循环结构

高手点拨

当型循环结构的特点是先判断再执行，当条件不满足时，A 框的执行次数可能为 0；直到型循环结构的特点是先执行再判断，A 框的执行次数至少为 1 次。

【例 2-2-3】 用流程图表示 $S=1+2+3+\cdots+n$ 的算法。

【问题分析】 从式中可以看出，这是前 n 项自然数求和（等差数列求和），每一项和前一项的差为 1，其流程图可以用当型循环结构来表示，如图 2-2-7 所示。先判断 i 的值是否小于等于 n，如果成立，才执行循环体（$S=S+i$ 和 i 自加 1）。接下来再判断 i 的值，如此循环下去，直到 i 的值小于等于 n 不成立。此例也可以用直到型循环结构来表示（见图 2-2-8），先执行循环体，再进行判断，这种情况下无论判断条件是否成立，循环体中的语句至少会被执行一次。

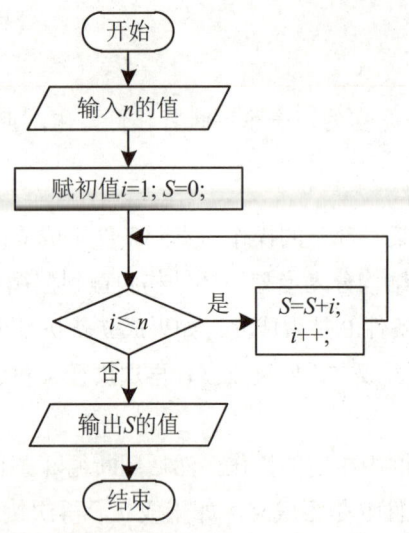
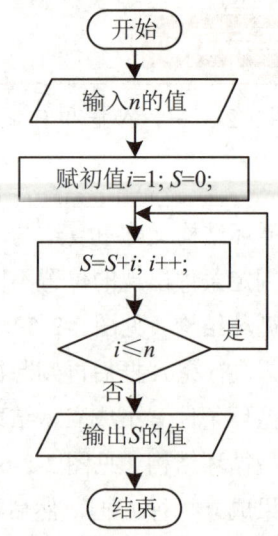

图 2-2-7　当型循环结构求和　　　　图 2-2-8　直到型循环结构求和

提示

任何一个复杂的算法都可以由这 3 种基本结构组成，图 2-2-1、图 2-2-3、图 2-2-5 和图 2-2-6 中的 A 框或 B 框，可以是一个简单的操作（如一个输入），也可以是多个操作（例如，先计算 $S=S+i$，再计算 $i++$），也可以是 3 种基本结构之一。

二、N-S 流程图

N-S 流程图又称盒图，是由美国学者 I.Nassi 和 B.Shneiderman 提出的，故以他们姓氏的首字母命名。他们认为既然任何算法都是由前面介绍的 3 种基本结构组成的，那么各基本结构之间的流程线就是多余的。因此，N-S 流程图完全去掉了流程线，全部算法都写在一个大矩形框内，这个大矩形框又由若干个小的基本框图构成。同样，N-S 流程图也包括顺序、选择和循环 3 种基本结构。

N-S 流程图

1. 顺序结构

顺序结构的 N-S 流程图如图 2-2-9 所示，它表示顺序执行 A 框和 B 框。

【例 2-2-4】　将例 2-2-1 的算法用 N-S 流程图表示。

【问题分析】　本例可采用顺序结构的 N-S 流程图形式实现，如图 2-2-10 所示。

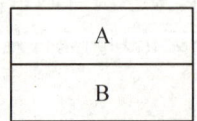
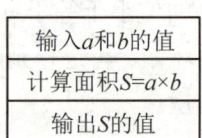

图 2-2-9　顺序结构　　　　图 2-2-10　计算长方形的面积

2. 选择结构

选择结构的 N-S 流程图如图 2-2-11 所示,它表示先判断条件 P,当条件成立时执行 A 框,不成立时执行 B 框。

【例 2-2-5】 将例 2-2-2 的算法用 N-S 流程图表示。

【问题分析】 本例的 N-S 流程图可以采用选择结构来实现,如图 2-2-12 所示。

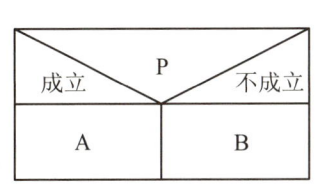

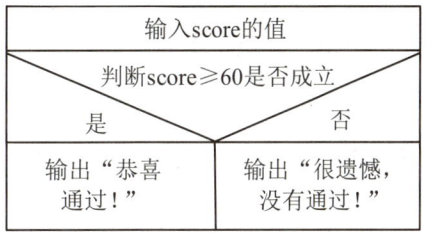

图 2-2-11 选择结构　　　　图 2-2-12 判断是否通过考试

3. 循环结构

当型循环结构的 N-S 流程图如图 2-2-13 所示,当 P 成立时,循环执行 A 框;直到型循环结构的 N-S 流程图如图 2-2-14 所示,循环执行 A 框,直到 P 成立。

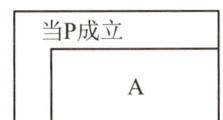

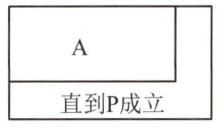

图 2-2-13 当型循环结构　　　　图 2-2-14 直到型循环结构

【例 2-2-6】 将例 2-2-3 的算法用 N-S 流程图表示。

【问题分析】 本例的 N-S 流程图用当型循环结构表示如图 2-2-15 所示,用直到型循环结构表示如图 2-2-16 所示。

输入n的值
赋初值i=1;S=0;
当$i \leq n$
S=S+i;
i++;
输出S的值

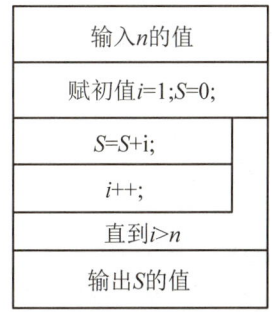

图 2-2-15 当型循环求和　　　　图 2-2-16 直到型循环求和

一、任务分析

通过查找资料可知，若公元年号满足下面两个条件中的任意一个，则该年为闰年。若两个条件都不满足，则该年不是闰年。

（1）能被 4 整除，但不能被 100 整除；

（2）能被 400 整除。

由以上条件可知，判定是否是闰年算法中包含选择结构，而此处又须逐年判定 1900—2500 年是否是闰年，所以也包含循环结构。

二、算法描述

设 year 为公元年号，用 leap 作为闰年的标志。当型循环结构算法可表示如下。

（1）赋初值 year=1900；

（2）判断 year 是否小于等于 2500，如果成立，执行（3），否则结束；

（3）判断 year 能否被 4 整除，如果成立，执行（4），否则，leap=0；

（4）判断 year 能否被 100 整除，如果成立，执行（5），否则，leap=1；

（5）判断 year 能否被 400 整除，如果成立，leap=1，否则，leap=0；

（6）判断 leap 的值，leap 为 1 输出 "year 是闰年"；

（7）year=year+1，返回（2）。

该算法的流程图表示如图 2-2-17 所示，N-S 流程图表示如图 2-2-18 所示。

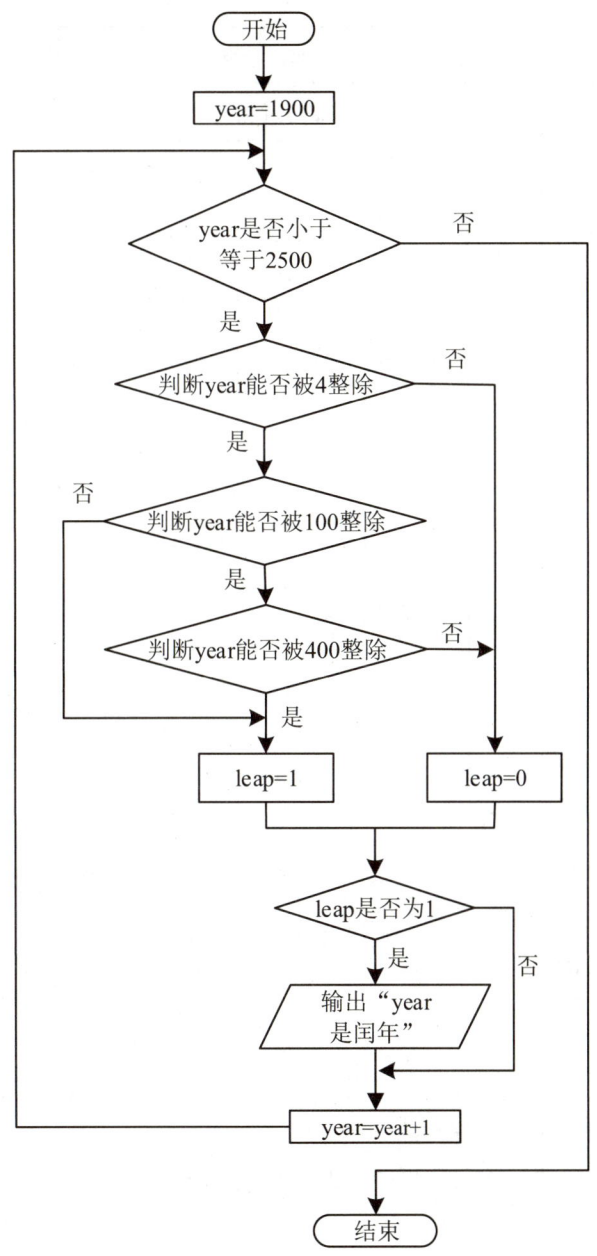

图 2-2-17 "判定 1900—2500 年中哪些年份是闰年"的流程图

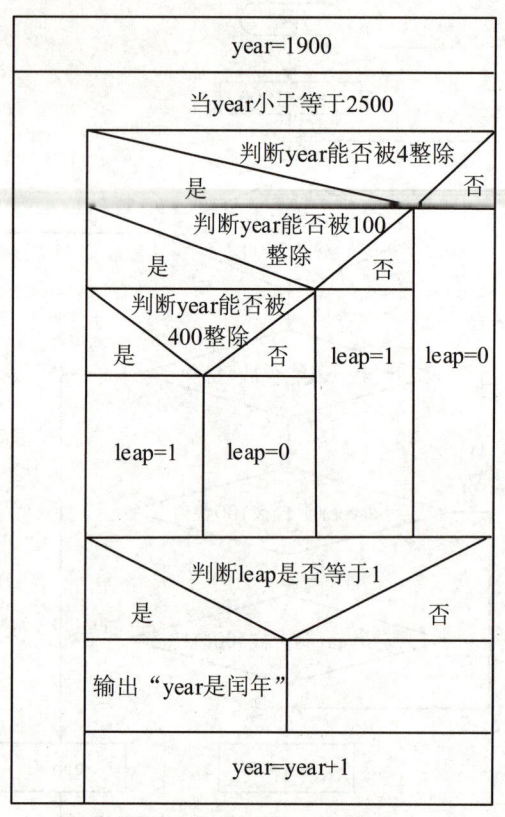

图 2-2-18 "判定 1900—2500 年中哪些年份是闰年"的 N-S 流程图

  任务实训

一、实训目的

（1）掌握流程图和 N-S 流程图的绘制方法。

（2）能分析具体问题，并用流程图和 N-S 流程图表示算法。

二、实训内容

（1）用流程图和 N-S 流程图分别表示韩信点兵的求解过程，将实训过程填入表 2-2-4 中。

项目二 算法——程序设计的灵魂

▶ 表 2-2-4 实训过程 1

分析过程	结果	
	流程图	N-S 流程图

（2）从键盘输入一个数 n，求 $n!$。用流程图和 N-S 流程图分别表示其算法，并将实训过程填入表 2-2-5 中。

▶ 表 2-2-5 实训过程 2

分析过程	结果	
	流程图	N-S 流程图

以人为本

算法可以帮助人们解决问题，为生活带来便利。例如，商家或平台常根据用户的搜索历史或浏览记录，利用推荐算法，有针对性地提供产品和服务。再如，外卖平台和网约车平台可以通过算法对复杂的劳动秩序进行管理，为骑手和司机分配合适的订单，减少消费者等待的时间。而在这一过程中，大数据的发展也滋生了种种乱象，如算法不合理性、缺乏人性化、信息骚扰、"大数据杀熟"等。为此，国家相继出台了相关文件。

2021 年 7 月 16 日，为维护骑手和网约车司机的利益，多部委联合签署了《关于维护新就业形态劳动者劳动保障权益的指导意见》。2021 年 8 月 20 日，针对信息骚扰、"大数据杀熟"等问题，十三届全国人民代表大会常务委员会第三十次会议通过了《中华人民共和国个人信息保护法》，全方位构筑起个人信息保护的"金钟罩"。

项目考核

一、选择题

（1）算法具有 5 个特点，以下选项中不属于算法特点的是（　　）。
　　A．简洁性　　　　　　　　　　B．有穷性
　　C．确定性　　　　　　　　　　D．可行性

（2）以下叙述中正确的是（　　）。
　　A．用 C 程序实现的算法必须要有输入和输出操作
　　B．用 C 程序实现的算法可以没有输出但必须要有输入
　　C．用 C 程序实现的算法可以没有输入但必须要有输出
　　D．用 C 程序实现的算法可以既没有输入也没有输出

（3）以下叙述中错误的是（　　）。
　　A．算法正确的程序最终一定会结束
　　B．算法正确的程序可以有零个输出
　　C．算法正确的程序可以有零个输入
　　D．算法正确的程序对于相同的输入一定有相同的结果

二、简答题

（1）有 3 个同样大小的瓶子，A 瓶装可乐，B 瓶装雪碧，C 瓶为空瓶，将可乐和雪碧互换瓶子盛放。分别用流程图和 N-S 流程图的方式表示该算法。

（2）求两个数 a 和 b 的最大公约数。分别用流程图和 N-S 流程图的方式表示该算法。

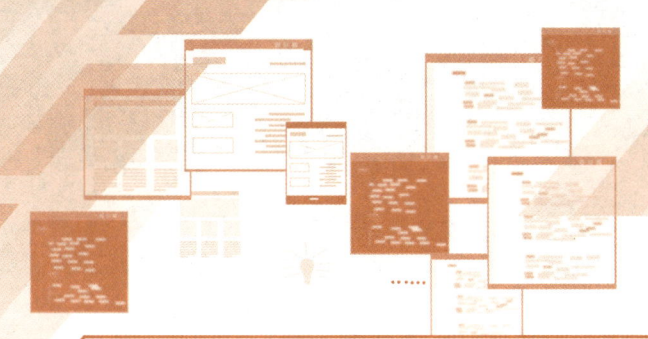

项目三

C 语法基础——学好 C 程序的基石

项目导读

通过前两个项目的学习，读者熟悉了 C 程序的开发环境，掌握了算法的表示方法。从本项目开始，将正式进入 C 程序设计的学习。C 程序主要是由标识符、常量、变量、运算符和表达式等按照一定的语法规则组成的，因此学好 C 语法基础是学好 C 程序的基石。

知识目标

- 掌握标识符和关键字的概念。
- 掌握常量和变量的使用方法。
- 熟悉各种数据类型的特点。
- 掌握使用常用运算符进行运算的方法。
- 了解 C 语句的概念与类型。
- 掌握格式输入输出函数和字符输入输出函数的使用方法。

能力目标

- 能查找并修改标识符、数据类型和常见表达式的语法错误。
- 能利用输入输出函数进行简单的程序设计。

素质目标

- 增强遵守规则的意识，养成按规矩行事的习惯。
- 提升自己的职业素养和职业技能。

班级_____ 姓名_____ 学号_____

任务一　计算三角形的面积

任务工单

一、任务描述

在正式学习 C 程序设计之前，须首先掌握 C 程序的基本要素，包括标识符、关键字、常量、变量、数据类型、运算符和表达式等。本任务将带领大家学习 C 程序的基本要素，并在此基础上编写计算三角形面积的 C 程序。三角形面积的公式为

$$\text{area}=\sqrt{s\times(s-a)\times(s-b)\times(s-c)}$$

其中，a、b、c 分别为三角形的 3 条边，$s=\dfrac{1}{2}(a+b+c)$。

二、分组讨论

全班学生以 3～5 人为一组进行分组，各组选出组长。请组长组织组员查找相关资料，并预习知识链接，完成下列问题。

问题 1：判断下列标识符是否正确，在正确的标识符后打钩（√）。

2a（　　）　　　　max（　　）　　　scanf（　　）　　　_2a（　　）
a1_（　　）　　　int（　　）

问题 2：整型常量中八进制的前置符号标志为_____，十六进制的前置符号标志为_____。

问题 3：以下变量的声明方式中，正确的是（　　）。

A．int a,b　　　B．int a,b,　　　C．int a; b;　　　D．int a,b;

问题 4：试讨论计算三角形面积时涉及哪些变量，这些变量可以定义为哪些类型。

班级_____   姓名_____   学号_____

三、实践操作

使用 Visual C++ 2010，编程实现输入三角形的 3 条边（输入时须满足三角形条件），输出三角形的面积，并将实践过程中遇到的问题和解决办法记录在表 3-1-1 中。

▶ 表 3-1-1 实践操作过程

序号	主要问题	解决办法
1		
2		
3		

四、任务评价

请各组选出一名代表展示实践操作的成果，并配合老师完成任务评价，将评价结果填入表 3-1-2 中。

▶ 表 3-1-2 任务评价

评价项目	评价内容	评价分数			
		分值	自评	互评	师评
职业素养考核项目（30%）	考勤、仪容仪表	10 分			
	安全意识、责任意识	10 分			
	团队合作与交流	10 分			
专业能力考核项目（70%）	积极参与教学活动	5 分			
	正确理解任务要求	5 分			
	认真查找任务所需资料并参与讨论	15 分			
	实践操作过程记录表的完成度	15 分			
	标识符命名是否正确	5 分			
	数据类型是否正确	5 分			
	程序运行结果是否正确	10 分			
	编写 C 程序的熟练程度	10 分			
综合评分_____	自评（20%）+互评（20%）+师评（60%）	100 分			
综合评语		教师（签字）：			

知识链接

一、标识符和关键字

1. 标识符

标识符是指软件开发人员在编写程序时自己规定的具有特定含义的词,用来标明设定的变量名、数组名、函数名等。

在 C 程序中,标识符应遵循以下命名规则。

(1) 标识符只能由字母、下划线、数字组成,且第一个字符必须是字母或下划线。例如,str、_str1、str_2 都是合法的标识符,而 2str、2_str、&123、%lsso、M.Jack、-L2 都是非法的标识符。

(2) 标识符区分字母大小写。例如,score 和 Score 是两个不同的标识符。

(3) 标识符不能是 C 程序中的关键字,如 printf、int 等。

> **提示**
>
> 理论上讲,C 程序中并不限制标识符的长度,但实际上,标识符的长度会受到编译系统和机器系统的限制。例如,某些编译程序中规定标识符前 8 位有效,即当两个标识符前 8 位相同时,会被认为是同一个标识符。
>
> 为提高程序的可读性,应尽量使标识符可以"见名知义"。例如,学生名字变量可以命名为 StuName。

2. 关键字

C 程序中规定具有特别意义的字符串称为关键字,也称保留字。C 程序中的关键字共有 37 个,如表 3-1-3 所示。

▶ 表 3-1-3 C 程序中的关键字

char	double	enum	float	int	long
short	signed	struct	union	unsigned	void
for	do	while	break	continue	if
else	goto	switch	case	default	return
auto	extern	register	static	const	sizeof
typedef	volatile	inline	restrict	_Bool	_Complex
_Imaginary					

二、常量和变量

C程序中的数据，按其取值是否可改变分为常量和变量。在程序执行过程中，其值不发生改变的量称为常量，其值可变的量称为变量。

1. 常量

常量可分为直接常量和符号常量两种。常见的直接常量又包括整型常量、实型常量和字符常量。

符号常量是用标识符来表示一个常量。符号常量在使用之前必须先定义，其一般形式为

```
#define 标识符 常量
```

其中"#define"是一条预处理命令，称为宏定义命令，其功能是把该标识符定义为其后的常量值。一经定义，以后在程序中所有出现该标识符的地方均代表该常量值。

例如：

```
#define PI 3.1415926
```

其含义是以标识符 PI 来代表数据 3.1415926。宏定义命令之后，程序中用到 3.1415926 的地方都可以用标识符 PI 来代替。

宏定义的作用是给常量起"别名"，利用它可以增强程序的可维护性。例如，当需要修改某一常量值时，只需要修改宏定义中的常量值，而不必在程序各处逐一修改。另外，意义明确的"别名"还可以增强程序的可读性。

提示

习惯上符号常量的标识符用大写字母表示。

2. 变量

每个变量都有一个名字，这个名字称为变量名。变量名必须是合法的标识符，它代表了某个存储空间及其所存储的数据，这个空间所存储的数据称为该变量的值。

变量在使用之前必须先定义，定义变量的一般格式为

```
类型说明符 变量名;
```

例如，以下语句定义了一个整型变量 a：

```
int a;
```

定义变量时，应注意以下4点。

（1）允许在一个类型说明符后定义多个相同类型的变量，各变量名之间用逗号隔开，具体格式为

```
类型说明符 变量名1,变量名2,……;
```

（2）类型说明符与变量名之间至少有一个空格。

（3）最后一个变量名之后必须以";"结尾。

（4）变量定义必须放在变量使用之前，一般放在函数体的开始部分。

在定义变量时，也可以同时给变量赋值。例如，定义一个整型变量a，并为其赋0值的方法如下：

```
int a;              /*定义一个整型变量a*/
a=0;                /*为a赋0值*/
```

用户也可以在定义变量的同时为变量赋初值，这种形式称为变量的初始化。例如：

```
int a=0;            /*定义一个整型变量a并初始化为0*/
```

高手点拨

编写程序时，所有定义变量的语句应放在程序的最前面，即放在其他语句之前，避免某些编译系统产生错误，例如：

```
int a;        /*定义一个整型变量a*/
a=0;          /*错误！！！因为赋值语句在定义变量语句"int b;"之前*/
int b;        /*定义变量b*/
b=2;          /*为变量b赋值*/
```

三、基本数据类型

1. 整型

整型数据包括整型常量和整型变量两类。

（1）整型常量。

整型常量的表示形式如下。

① 十进制整数，如18、-175。

② 八进制整数。以数字0开头，用0~7这8个数字组合表达。例如，0154对应的十进制数为$1×8^2+5×8^1+4×8^0=108$。

③ 十六进制整数。以0x或0X开头，用0~9这10个数字及字母A~F（或a~f）组合表达。其中，A代表数值10，B代表数值11，依此类推。例如，0x15F对应的十进制数为$1×16^2+5×16^1+15×16^0=351$。

提示

在使用整型常量时，可以在常量的后面加上字符L（l）或者U（u）进行修饰。L表示该常量为长整型，U表示该常量为无符号整型，如1256L、500U等。

（2）整型变量。

整型变量是用来存储整数的变量，可分为有符号整型和无符号整型两大类。有符号整型指的是数值可以带正负号，所以需要一个符号位；无符号整型指的是数值只有正数，所以可以去掉符号位。默认情况下，C 程序中的整型变量都是有符号的，若要使用无符号整型，需要用关键字 unsigned 声明。

为了适应不同的应用场合，C 程序中可以定义多种整数类型，其长度各不相同。其中，最常用的是有符号整型（用关键字 int 表示），长度为 32 位（4 个字节）。此外，还有长整型（用关键字 long 表示）和短整型（用关键字 short 表示）。

> **提示**
>
> 不同的编译器，分配给整型变量的存储空间的大小是不同的。例如，Turbo C 2.0 为每个整型数据分配 2 个字节（16 位），而 Visual C++ 为每个整型数据分配 4 个字节（32 位）。本书采用 Visual C++ 编译器中的规定。

编写程序时，除可以指明变量是长整型或短整型，有符号整型或无符号整型之外，还可以把说明符组合起来。因此，整型变量可以分为有符号基本整型、无符号基本整型、有符号短整型、无符号短整型、有符号长整型和无符号长整型这 6 类。各类型的关键字和取值范围如表 3-1-4 所示。

▶ 表 3-1-4 整型变量各类型的关键字和取值范围

类型名称	关键字表示	字节数	最小值	最大值
有符号基本整型	[signed] int	4	$-2\,147\,483\,648$（-2^{31}）	$2\,147\,483\,647$（$2^{31}-1$）
无符号基本整型	unsigned [int]	4	0	$4\,294\,967\,295$（$2^{32}-1$）
有符号短整型	[signed] short [int]	2	$-32\,768$（-2^{15}）	$32\,767$（$2^{15}-1$）
无符号短整型	unsigned short [int]	2	0	$65\,535$（$2^{16}-1$）
有符号长整型	[signed] long [int]	4	$-2\,147\,483\,648$（-2^{31}）	$2\,147\,483\,647$（$2^{31}-1$）
无符号长整型	unsigned long [int]	4	0	$4\,294\,967\,295$（$2^{32}-1$）

> **提示**
>
> 表格中的 [ ] 为可选部分。例如，[signed] int，编程时可以用 signed int 表示有符号基本整型，也可以省略关键字 signed，直接用 int 表示。

在 C 程序中，各种整型变量都有其特定的表示范围，当一个数据超出了其类型所能表示的范围时，称为数据溢出。

【例 3-1-1】 有符号短整型数据的溢出。

```c
#include <stdio.h>
int main()
{
    short a,b;                  /*定义两个短整型变量a和b*/
    a=32767;                    /*将值32767赋给变量a*/
    b=a+1;                      /*将a的值加1后赋给变量b*/
    printf("a=%d,b=%d\n",a,b);  /*输出a和b的值*/
    return 0;                   /*函数返回值*/
}
```

【运行结果】 程序运行结果如图 3-1-1 所示。

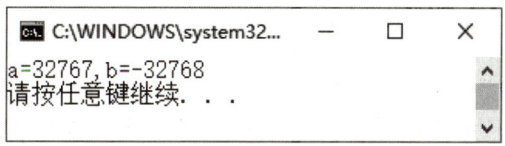

图 3-1-1 例 3-1-1 程序运行结果

【程序说明】 这里定义的变量 a 和 b 是有符号短整型，其取值范围为 −32 768～32 767，所以当 a 的值加 1 变成了 32 768 后就会发生"溢出"。但程序运行时并不报错，它好像汽车里程表一样，达到最大值以后，又从最小值开始计数。所以 32 767 加 1 后得到的结果不是 32 768，而是 −32 768。

高手点拨

C 程序的用法比较灵活，即使程序存在潜在问题，系统也不会给出"出错信息"，此时只能依靠程序员的经验来保证结果的正确性。在例 3-1-1 中，只需把变量 b 改成 int 型或者 long 型，就可以得到预期的结果了（32 768）。

2．浮点型

浮点型数据也称为实型数据，是带有小数点或指数符号的数值数据，包括浮点型常量和浮点型变量两类。

（1）浮点型常量。

浮点型常量的表示只采用十进制形式，包括直接十进制形式和指数形式两类。

① 直接十进制形式，如 0.0013、−1482.5。

② 指数形式通常用来表示一些比较大或者比较小的数值，格式为

实数部分+字母 E 或 e+正负号+整数部分

其中字母 E 或 e 表示十次方，正负号表示指数部分的符号，整数部分为幂的大小。字母 E 或 e 之前必须有数字（实数部分），之后的数字必须为整数。例如，0.0013 可表示为 1.3e-3，-1482.5 可表示为-1.4825e3。

> **提示**
>
> C 程序中允许浮点数使用后缀。后缀为 f 或 F 即表示该数为浮点数。例如，42.f 和 42.0 是等价的。

（2）浮点型变量。

根据其精度不同，浮点型变量可以分为单精度类型、双精度类型和长双精度类型。

① 单精度类型使用关键字 float 来定义，它在内存中占 4 个字节，提供 6 位有效数字，取值范围为$-3.4\times10^{38} \sim -1.2\times10^{-38}$、0 和 $1.2\times10^{-38} \sim 3.4\times10^{38}$。

【例 3-1-2】 单精度型数据的有效位。

```c
#include <stdio.h>
int main()
{
    float f;                    /*定义单精度型变量f*/
    f=1234567.95789;            /*将值1234567.95789赋给变量f*/
    printf("f=%f\n",f);         /*输出变量f的值*/
    return 0;                   /*函数返回值0*/
}
```

【运行结果】 程序运行结果如图 3-1-2 所示。

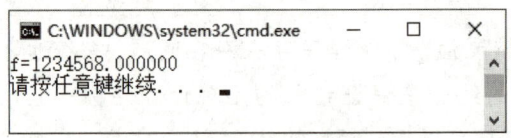

图 3-1-2 例 3-1-2 程序运行结果

【程序说明】 由于 float 型只接受 6 位有效数字，因此显示的数据中只有前 6 位是保证正确的，后面显示的数据是编译器随机给出的。为了扩展有效数字范围，可使用双精度类型或长双精度类型。

② 双精度类型使用关键字 double 来定义，它在内存中占 8 个字节，提供 15 位有效数字，取值范围为$-1.7\times10^{308} \sim -2.3\times10^{-308}$、0 和 $2.3\times10^{-308} \sim 1.7\times10^{308}$。

【例 3-1-3】 将例 3-1-2 中的变量定义为 double 类型。

```c
#include <stdio.h>
```

```
int main()
{
    double f;                    /*定义双精度型变量 f*/
    f=1234567.95789;             /*将值 1234567.95789 赋给变量 f*/
    printf("f=%f\n",f);          /*输出变量 f 的值*/
    return 0;                    /*函数返回值 0*/
}
```

【运行结果】 程序运行结果如图 3-1-3 所示。

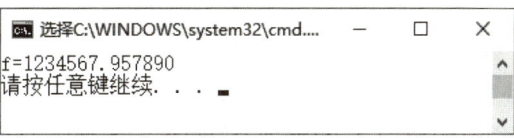

图 3-1-3　例 3-1-3 程序运行结果

【程序说明】 由于 double 型提供 15 位有效数字，所以输出的数据数值是正确的。

③ 长双精度类型使用的关键字是 long double。不同的编译系统对 long double 型的处理方法不同。例如，Turbo C 2.0 对 long double 型分配 16 个字节，而 Visual C++则对 long double 型和 double 型一样处理，其有效数字位数和取值范围也与 double 型一致。

3. 字符型

字符型数据包括字符型常量和字符型变量。

（1）字符型常量。

字符型常量包括字符常量、字符串常量和转义字符。

① C 程序中的字符常量必须用单撇号（单引号）括起来，且单撇号中只能是单个字符，如'A'、'a'、'8'、'&'。由于字符型数据在 C 程序中是以 ASCII 码形式存储的，因此字符常量的值就是其对应的 ASCII 码值。例如，字符'A'的 ASCII 码值为 65，'a'的 ASCII 码值为 97。

ASCII 码

由于 ASCII 码值为整型，所以 C 程序中字符型数据与整型数据是可以互用的。例如，'a'-32 相当于 97-32，等于 65，对应的字符为'A'；同理，'A'+32 为字符'a'，这是实现大小写字母转换的一种方法。

字符'1'和整数 1 是两个不同的概念，字符'1'只是代表一个符号，在内存中以 ASCII 码形式存储，对应的 ASCII 码值为 49，而整数 1 在内存中存储的就是数值 1。

② 字符串常量是一对双撇号（双引号）括起来的一个或多个字符。例如，"A"、"China"、"Welcome to beijing"等。

C 程序中存储字符串常量时，系统会在字符串的末尾自动加一个'\0'作为字符串的结束标志。例如，字符串常量"China"在内存中的存储形式如图 3-1-4 所示。

| C | h | i | n | a | \0 |

图 3-1-4　字符串常量"China"在内存中的存储形式

提示

C 程序中规定字符串必须有结束标志，结束标志为字符'\0'（其 ASCII 值为 0）。因此，字符串"A"和字符'A'是不同的，字符串"A"实际上包含两个字符：'A'与'\0'，占 2 个字节，而字符'A'只占 1 个字节。

③ 转义字符是 C 程序中表示字符的一种特殊形式，它以反斜杠"\"作为标志符号，后面跟一个字符（也可以是一个八进制或十六进制数）。转义字符具有特定的含义，不同于字符原有的意义，如转义字符'\0'表示字符串结束。常用转义字符如表 3-1-5 所示。

▶ 表 3-1-5　常用转义字符

转义字符	说明	转义字符	说明
\n	回车换行	\'	单引号符'
\b	退格	\"	双引号符"
\r	回车（回到一行的开头）	\a	鸣铃
\t	水平制表	\f	走纸换页
\v	垂直制表	\ddd	1~3 位八进制数所代表的字符
\\	反斜线符\	\xhh	1~2 位十六进制数所代表的字符

提示

实际上，任何一个字符都可以用转义字符\ddd 或\xhh 来表示，ddd 和 hh 分别为八进制和十六进制的 ASCII 码。例如，'\101'表示字母'A'，'\134'表示右斜杠，'\X0A'表示换行。

（2）字符型变量。

字符型变量用来存储单个字符，类型说明符是 char。字符型变量定义的格式和书写规则都与整型变量相同。例如：

```
char c1,c2;            /*定义字符型变量 c1 和 c2*/
```

项目三　C语法基础——学好C程序的基石

```
c1='a';                    /*将'a'赋值给c1*/
c2='b';                    /*将'b'赋值给c2*/
```

🌟 高手点拨

字符型数据和整型数据可以互用，区别是整型数据占4个字节，字符型数据只占1个字节，故当整型数据按字符型数据处理时，只有低八位参与处理。

4. 数据类型转换

在C程序中，不同类型的数据可以混合运算，但在运算之前应先转换成同一类型。数据类型的转换有自动类型转换和强制类型转换两种方式。

（1）自动类型转换。

自动类型转换是由编译系统自动进行的，不需要人为干预。自动类型转换要遵循以下3个基本规则。

① 若参与运算的变量类型不同，须先转换成同一类型（自动转换），然后进行运算。

② "低级向高级转换"原则。如果运算中有几种不同类型的操作数，则统一转换为最高级的数据类型后再进行运算。数据类型的转换方向如图3-1-5所示。

数据类型转换

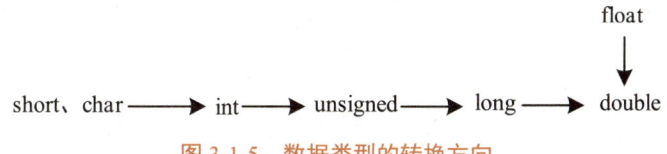

图 3-1-5　数据类型的转换方向

③ 赋值运算两边的数据类型不同时，赋值号右边数据的类型将会转换为左边数据的类型。

【例 3-1-4】数据类型转换的应用。

```c
#include <stdio.h>
int main()
{
    int a,x;              /*定义整型变量a和x*/
    float b;              /*定义单精度型变量b*/
    double c,y;           /*定义双精度型变量c和y*/
    a=1;                  /*将1赋值给变量a*/
    b=2.1;                /*将2.1赋值给变量b*/
    c=3.2;                /*将3.2赋值给变量c*/
    x=a+b+c;              /*将a、b、c的和赋值给变量x*/
```

```
y=a+b+c;                       /*将a、b、c的和赋值给变量y*/
printf("x=%d,y=%f",x,y);       /*输出整型变量x和单精度型变量y*/
return 0;
}
```

【运行结果】　程序运行结果如图3-1-6所示。

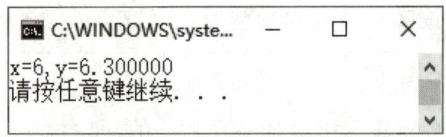

图3-1-6　例3-1-4程序运行结果

【程序说明】　计算a+b+c时，先将变量a和变量b都转换成double型，然后计算，所以结果为double型。但赋值时，x为int型，故会将计算结果转换成int型赋值给x，x的值为6。

（2）强制类型转换。

强制类型转换也称显示类型转换，作用是将表达式的结果强制转换成类型标识符所指定的数据类型，运算格式为

```
(类型标识符)(表达式)
```

类型标识符和表达式都应该用圆括号括起来（单个操作数时，表达式的圆括号可以省略）。例如：

```
(double)a            /*将a转换成double类型*/
(int)(a+b)           /*将a+b的值转换成整型*/
(int)a+b             /*将a转换成整型，然后与b相加*/
```

> **提示**
>
> 强制类型转换只作用于表达式的结果，并不改变各个变量本身的数据类型。

四、运算符和表达式

1. 算术运算符和算术表达式

算术运算符用于各类数值运算。在C程序中，基本算术运算符有5种，即+、-、*、/、%（模运算）；正负号运算符有2种，即+（正号）和-（负号）；自增、自减运算符有2种，即++（自加）和--（自减）。带有算术运算符的表达式称为算术表达式。

基本算术运算符是双目运算符，即要求有两个运算量，如x+y、x-y、x*y、x/y、x%y

算术运算符和算术表达式

等,其优先级和数学中一样。

> **提示**
>
> 在算术表达式中,需要注意以下几点。
> (1) 由于键盘中没有×号和÷号,运算符用*和/代替。
> (2) 对于除法运算符/,如果是两个整数相除,则结果也为整数,小数部分将被舍去。例如,7/2=3,而不是 3.5。只有两数中至少有一个是浮点数,结果才为浮点数。
> (3) 模运算符%只适用于两个整数取余,两个运算量只能是整型或字符型(ASCII码)。余数结果的符号由被除数决定。例如,8%(-3)=2,而(-8)%3=-2。
> (4) 在进行算术运算时,如果运算符两侧的数据类型不同,会进行自动类型转换,使两者的数据类型相同,然后再进行运算。

自增和自减运算符是在程序设计中使用频率较高的两个运算符,它们的作用是将操作数的值增1(或减1)后,重新写回该操作数所在的存储单元。

自增和自减运算符有前置和后置两种使用形式。当某一运算只包含自增或自减操作时,自增或自减运算符的前置和后置形式的作用相同。例如,如果变量 i 的值为 3,则执行 i++ 与 ++i 的结果相同,运算后 i 的值均为 4。

但是,当自增、自减运算的结果被作为操作数参与其他操作时,前置与后置的情况就有所区别了。例如,设运算前 i=3,则以下 4 个表达式的运算结果如表 3-1-6 所示。

▶ 表 3-1-6 自增与自减表达式

表达式	j 的运算结果	i 的运算结果	说明
j=++i	4	4	先加 1,后赋值
j=i++	3	4	先赋值,后加 1
j=--i	2	2	先减 1,后赋值
j=i--	3	2	先赋值,后减 1

> **提示**
>
> 自增和自减运算符只能用于变量,而不能用于常量和表达式。例如,8++、(a+b)++ 都是不合法的。此外,自增、自减运算符的优先级要高于基本算术运算符。

2. 赋值运算符和赋值表达式

在 C 程序中,赋值也是一种运算,运算符为"=",它的作用是将一个表达式的值赋给一个变量，如 x=4。需要注意的是，赋值运算符的左边必须是一个变量。

赋值运算符的优先级低于算术运算符，结合方向是从右向左。例如，表达式 x=3*4 等价于 x=(3*4)，表达式 x=y=z 等价于 x=(y=z)。

大多数双目运算符都可以和赋值运算符"="结合起来，构成一个复合的赋值运算符，如+=、-=、*=、/=、%=等。例如：

```
x+=10;              /*等价于 x=x+10;*/
y-=10;              /*等价于 y=y-10;*/
z*=10;              /*等价于 z=z*10;*/
m/=10;              /*等价于 m=m/10;*/
n%=10;              /*等价于 n=n%10;*/
```

【例 3-1-5】 赋值运算符的应用。

```c
#include <stdio.h>
int main()
{
    int a=1,b=2,c=3,d=4;              /*变量初始化*/
    a+=a;                              /*a=a+a*/
    b-=c;                              /*b=b-c*/
    c*=d;                              /*c=c*d*/
    d/=a;                              /*d=d/a*/
    printf("%d,%d,%d,%d\n",a,b,c,d);   /*输出变量的值*/
    return 0;
}
```

【运行结果】 程序运行结果如图 3-1-7 所示。

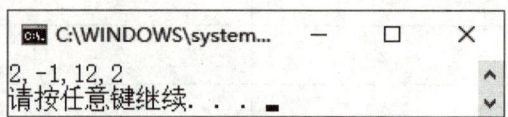

图 3-1-7 例 3-1-5 程序运行结果

3．位运算符和位表达式

位运算是指进行二进制位的运算，如将一个存储单元中的各二进制位左移或右移一位。位运算符包括按位与（&）、按位或（|）、按位异或（^）、取反（~）、左移（<<）和右移（>>）6 个，其中取反运算是单目运算，其余是双目运算，参与位运算的数据类型只能是整型或字符型。位运算符的功能如表 3-1-7 所示。

▶ 表 3-1-7 位运算符的功能

位运算符	功能描述
&	按位与运算符，对操作数中相应的位进行与运算。如果相应的位都是 1，结果位就是 1，否则就是 0
|	按位或运算符，对操作数中相应的位进行或运算。如果两个对应的位中有一个是 1，结果位就是 1；如果两个位都是 0，结果就是 0
^	按位异或运算符，对操作数中相应的位进行异或运算。如果相应的位不相同，结果位就是 1；如果相应的位相同，结果位就是 0
~	按位取反运算符，用来对操作数中的位取反，即 1 变成 0，0 变成 1，是一个单目运算符
>>和<<	移位运算符，用来将一个数的各二进制位全部右移或左移若干位

左移运算符（<<）。左移运算用来将一个数的二进制位全部左移若干位，高位左移溢出后舍弃，右端低位补 0。例如，a=a<<2，表示将 a 的二进制数左移 2 位，右端补 0。若 a=3，即二进制数 00000011，左移 2 位得 000001100，结果为十进制数 12。

右移运算符（>>）。右移运算用来将一个数的二进制位全部右移若干位，低位右移舍弃，对无符号数，高位补 0。例如，若 a 为无符号数，执行 a=a>>2，表示将 a 的二进制数右移 2 位，左端补 0。若 a=3，即二进制数 00000011，右移 2 位得 00000000，结果为十进制数 0。

对于有符号数，在右移时，符号位将一同移动，当为正数时，最高位补 0；而为负数时，符号位为 1，最高位是补 0 或是补 1 取决于编译系统，Visual C++规定为补 1。

【例 3-1-6】 位运算符的应用。

```
#include <stdio.h>
int main()
{
    int a=10,b=5;              /*变量初始化*/
    int c,d,e,f,g,h;
    c=a&b;                     /*按位与运算后，将值赋给变量c*/
    d=a|b;                     /*按位或运算后，将值赋给变量d*/
    e=a^b;                     /*按位异或运算后，将值赋给变量e*/
    f=~a;                      /*a按位取反后，将值赋给变量f*/
    g=a<<1;                    /*a左移1位后，将值赋给变量g*/
    h=a>>1;                    /*a右移1位后，将值赋给变量h*/
    printf("%d,%d,%d,%d,%d,%d,%d,%d\n",a,b,c,d,e,f,g,h);
```

```
    return 0;
}
```

【运行结果】　程序运行结果如图 3-1-8 所示。

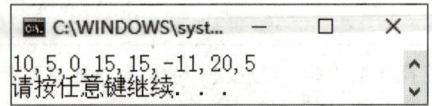

图 3-1-8　例 3-1-6 程序运行结果

【程序说明】　这里定义的变量是有符号基本整型，a 的二进制表示为 00001010，b 的二进制表示为 00000101，位运算计算过程如表 3-1-8 所示。

▶ 表 3-1-8　位运算计算过程

位运算符	c=a&b	d=a|b	e=a^b	f=~a
运算过程	00001010（10） &　00000101（5） 　00000000（0）	00001010（10） |　00000101（5） 　00001111（15）	00001010（10） ^　00000101（5） 　00001111（15）	~ 00001010（10） 11110101（-11）

a 左移 1 位得 00010100，结果为十进制数 20，即 g=20；a 右移 1 位得 00000101，结果为十进制数 5，即 h=5。

位运算符与赋值运算符也可以组成复合赋值运算符，包括 &=、|=、>>=、<<=、^=。例如，a&=b 相当于 a=a&b，a<<=4 相当于 a=a<<4。

任务实施

一、任务分析

本任务中涉及的变量包括三角形的边长和面积，边长的数据类型通常为浮点型，为了更精确地显示计算结果，面积的数据类型可定义为双精度型。由于计算面积时需要用到平方根的计算，须调用 math.h 头文件。

> **知识库**
>
> math.h 头文件中声明了一些常用的数学运算，如三角函数、平方根、指数、对数、绝对值等运算。

二、参考程序

```c
#include <stdio.h>
#include <math.h>
int main()
{
    float a,b,c;                          /*定义三角形的3条边*/
    float s;                              /*定义中间变量s*/
    double area;                          /*定义面积area*/
    printf("请输入三角形3条边的长度");
    scanf("%f%f%f",&a,&b,&c);             /*从键盘输入3条边的值*/
    s=(a+b+c)/2;                          /*求解中间变量s*/
    area=sqrt(s*(s-a)*(s-b)*(s-c));       /*利用公式求解三角形的面积area*/
    printf("三角形的面积为 %f\n",area);   /*输出面积area*/
    return 0;
}
```

三、运行结果

通过键盘输入 3 4 5↙，程序运行结果如图 3-1-9 所示。需要注意的是，scanf()为格式输入函数，用于读取从键盘输入的数据，具体用法将在本项目任务二中进行介绍。

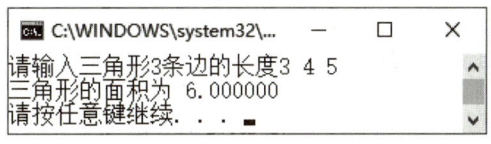

图 3-1-9　计算三角形的面积程序运行结果

▪ 任务实训 ▪

一、实训目的

（1）掌握常见的数据类型，学会为不同的变量选用合适的数据类型。
（2）能够正确使用运算符和表达式。

二、实训内容

1. 阅读程序

（1）以下程序的输出结果是_____。

```c
#include <stdio.h>
int main()
{
    int a,b,c,d;
    a=10;
    b=10;
    c=a++;
    d=--b;
    printf("a=%d,b=%d,c=%d,d=%d\n",a,b,c,d);
    return 0;
}
```

（2）以下程序的输出结果是_____。

```c
#include <stdio.h>
int  main()
{
    int i;
    float x;
    x=3.6;
    i=(int)x;
    printf("x=%f,i=%d\n",x,i);
    return 0;
}
```

（3）以下程序的输出结果是_____。

```c
#include <stdio.h>
int main()
{
    int a,b;
    a=10&3;
    b=10|3;
    printf("%d,%d",a,b);
```

```
    return 0;
}
```

2. 程序填空

以下程序实现，输入半径，利用公式 area=πr^2 计算圆的面积，请将正确答案填在下面的横线上。

```
#include <stdio.h>
#include <math.h>
#define PI 3.14
int main()
{
    float r;                            /*定义圆的半径r*/
     ①    area;
    printf("请输入圆的半径");
    scanf("%f",&r);                     /*从键盘输入半径r*/
    _____②_____ ;                       /*求解圆的面积area*/
    printf("圆的面积为 %f\n",area);     /*输出圆的面积area*/
    return 0;
}
```

3. 程序设计

（1）输入半径，计算并输出球体的表面积，球体表面积计算公式为 area=4πr^2，其中 r 为球体的半径。请将实训结果填入表 3-1-9 中。

▶ 表 3-1-9　实训过程 1

程序代码	遇到的问题及解决办法

（2）输入 a 和 b 两个整数，将 a 和 b 的值交换后输出。请将实训结果填入表 3-1-10 中。

▶ 表 3-1-10 实训过程 2

程序代码	遇到的问题及解决办法

辉煌中国

三角形面积公式 area $= \sqrt{s \times (s-a) \times (s-b) \times (s-c)}$ 称为海伦公式，也称海伦—秦九韶公式。相传这个公式最早是由古希腊数学家阿基米德提出的，而因为这个公式最早出现在海伦的著作《测地术》中，所以称为海伦公式。

我国宋代数学家秦九韶在 1247 年独立提出了类似的公式，称为三斜求积术。

$$s = \sqrt{\frac{1}{4}\left[a^2b^2 - \left(\frac{a^2+b^2-c^2}{2}\right)^2\right]}$$

虽然它与海伦公式形式上有所不同，但是等价的。三斜求积术填补了我国数学史中的一个空白，从中可以看出我国古代已经具有很高的数学水平。

班级_____   姓名_____   学号_____

任务二 简单模拟 ATM 机取款操作

 任务工单

一、任务描述

任务一编写了求解三角形面积的 C 程序。在这个程序中，用到了 printf()、scanf()等函数，但没有具体讲解它们的用法。本任务将带领大家学习 C 语句、格式输入输出函数和字符输入输出函数，并编写简单模拟 ATM 机取款操作的 C 程序。

ATM 机取款操作过程：提示用户输入密码→用户输入密码（假设输入密码正确）→提示用户输入金额→用户输入取款金额→输出用户取款金额→提示"交易完成，请取走卡片"。

二、分组讨论

全班学生以 3~5 人为一组进行分组，各组选出组长。请组长组织组员查找相关资料，并预习知识链接，完成下列问题。

问题 1：请写出 printf()、scanf()、putchar()和 getchar()函数的一般格式。

问题 2：试讨论模拟 ATM 机取款操作的程序中需要用到哪些函数。

班级_____　　姓名_____　　学号_____

三、实践操作

使用 Visual C++ 2010，编程实现模拟 ATM 机取款操作，输入密码和取款金额，查看运行结果，并将实践过程中遇到的问题和解决办法记录在表 3-2-1 中。

▶ 表 3-2-1　实践操作过程

序号	主要问题	解决办法
1		
2		
3		

四、任务评价

请各组选出一名代表展示实践操作的成果，并配合老师完成任务评价，将评价结果填入表 3-2-2 中。

▶ 表 3-2-2　任务评价

评价项目	评价内容	评价分数			
		分值	自评	互评	师评
职业素养考核项目（30%）	考勤、仪容仪表	10 分			
	安全意识、责任意识	10 分			
	团队合作与交流	10 分			
专业能力考核项目（70%）	积极参与教学活动	5 分			
	正确理解任务要求	5 分			
	认真查找任务所需资料并参与讨论	15 分			
	能否正确理解各类 C 语句	15 分			
	能否正确调用输入输出函数	15 分			
	程序运行结果是否正确	15 分			
综合评分_____　自评（20%）+互评（20%）+师评（60%）		100 分			
综合评语		教师（签字）：			

项目三　C语法基础——学好C程序的基石

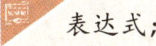

一、C语句概述

C语句用来向计算机系统发出操作指令以完成一定的操作任务。一个程序通常包含若干条语句。这些语句大致可分为以下5类。

1. 表达式语句

表达式语句是由一个表达式加上分号组成的。其一般形式为

```
表达式;
```

执行表达式语句就是计算表达式的值。例如：

```
a=10;
a++;
a=b+c;
```

2. 函数调用语句

函数调用语句是由一个函数调用加上分号组成的。其一般形式为

```
函数名(实际参数列表);
```

例如，调用printf()函数，输出字符串。

```
printf("Hello World!");
```

3. 控制语句

控制语句用于控制程序的执行流程，它们是由特定的语句定义符组成的。C程序有9种控制语句，可分为以下3类。

（1）分支语句（条件判断语句）：if-else语句、switch-case语句。

（2）循环语句：while语句、do-while语句、for语句。

（3）转向语句：break语句、goto语句、continue语句、return语句。

4. 复合语句

用大括号{}将多条语句括起来组成的语句称为复合语句。在C程序中，可以将复合语句看成是单条语句，例如：

```
{
    a=1;              /*赋值语句*/
    a++;              /*算术运算语句，完成a的自加运算*/
    printf("%d",a);   /*函数调用语句，输出a*/
}
```

71

> 提示
>
> 复合语句内的各条语句都必须以分号结尾，在右大括号"}"外不能加分号。

5. 空语句

只有分号组成的语句称为空语句，它不执行任何操作。空语句常用作空循环体。例如：

```
for(i=0;i<100;i++);        /*空语句，常用于延时*/
```

二、格式输入输出函数

C 程序本身没有提供输入输出语句，输入和输出操作由 C 函数库中的函数来实现。在使用系统库函数时，要使用预编译命令"#include"将有关的"头文件"包含进来。

格式输入输出函数是最常用的输入输出函数，这些函数包含在"stdio.h"文件中，故在程序开头须添加预编译命令。

```
#include <stdio.h> 或 #include "stdio.h"
```

1. 格式输出函数 printf()

在前面的任务中，多次用到了 printf()函数，其功能是将指定内容显示在屏幕上。printf()函数的一般格式为

```
printf("格式控制",输出项列表);
```

例如：

```
printf("a=%d,b=%f",a,b);
```

格式输出函数

括号内包括格式控制和输出项列表两部分内容。

（1）格式控制是用双撇号括起来的一个字符串，称为"转换控制字符串"。它包括格式声明和普通字符两部分。

格式声明的一般形式为

```
%[标志][0][输出最小宽度][.精度][长度]格式字符
```

其中方括号中的项为可选项。

① 标志：标志字符有"+"和"-"两种，用来指定输出数据的对齐方式。指定"+"时，输出右对齐；指定"-"时，输出左对齐；不指定标志，默认右对齐。

② 输出最小宽度：用十进制整数来表示输出的最少位数 m。若实际位数多于定义的宽度，则按实际位数输出；若实际位数少于定义的宽度，则补空格或 0（如果在 m 前有数字 0，则补 0）。

③ 精度：精度格式符以"."开头，后跟十进制整数 n。如果输出的是数字，精度表示小数的位数；如果输出的是字符，精度表示输出字符的个数；若实际位数大于所定义的精度数，则截去超过的部分。

④ 长度：长度格式符有 h 和 l 两种，h 表示按短整型输出，l 表示按长整型输出。

⑤ 格式字符：格式字符用来表示输出数据的类型，常用的格式字符及其功能如表 3-2-3 所示。

▶ 表 3-2-3 printf()函数中常用的格式字符及其功能说明

格式字符	功能
d	以十进制形式输出带符号整数（正数不输出符号）
o	以八进制形式输出无符号整数（不输出前缀 0）
x/X	以十六进制形式输出无符号整数（不输出前缀 0x）。x 表示以小写字母输出十六进制数的 a～f，X 表示以大写字母输出十六进制数的 A～F
u	以十进制形式输出无符号整数
f	以小数形式输出单、双精度实数，默认输出 6 位小数
e/E	以指数形式输出单、双精度实数。用 e 时，指数以 "e" 表示（如 2.3e+003），用 E 时指数以 "E" 表示（如 2.3E+003）
g/G	以%f 或%e 中较短的输出宽度输出单、双精度实数，不输出无意义的 0。用 G 时，若以指数形式输出，指数用大写表示
c	输出单个字符
s	输出字符串

普通字符是指需要原样输出的字符。例如，printf()函数双撇号内的 "a=" "b=" 及中间的逗号均为普通字符，会原样输出到屏幕上。

（2）输出项列表是程序需要输出的一些数据，这些数据可以是常量、变量或表达式。输出项列表中给出了各个输出项，要求格式声明和各输出项在数量和类型上一一对应。例如，"printf("a=%d,b=%f",a,b);" 中，"%d" 与变量 a 对应，"%f" 与变量 b 对应。

【例 3-2-1】 使用格式输出函数 printf()输出不同类型变量。

```
#include <stdio.h>
int main()
{
    int a=15;                           /*定义整型变量a并赋值*/
    float b=12.3456;                    /*定义单精度型变量b并赋值*/
    double c=12345678.12345678;         /*定义双精度型变量c并赋值*/
    char d='p';                         /*定义字符型变量d并赋值*/
```

```
    printf("十进制 a=%d,八进制 a=%o,十六进制 a=%x\n",a,a,a);
                    /*输出变量 a 的十进制、八进制和十六进制形式*/
    printf("b=%5.3f\n",b);              /*输出变量 b*/
    printf("c=%.4f,c=%e\n",c,c);
                    /*输出变量 c 的小数形式（小数位保留 4 位）和指数形式*/
    printf("d=%c\n",d);                 /*输出字符变量 d*/
    printf("a+b=%f\n",a+b);             /*输出表达 a+b 的值*/
    printf("%s\n","I love C");          /*输出字符串*/
    return 0;                           /*函数返回值 0*/
}
```

【运行结果】 程序运行结果如图 3-2-1 所示。

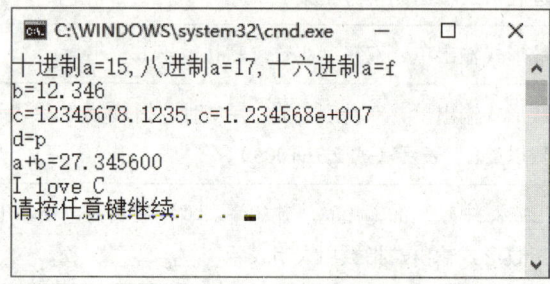

图 3-2-1 例 3-2-1 程序运行结果

【程序说明】 在程序中定义了整型变量 a、单精度型变量 b、双精度型变量 c 和字符型变量 d；输出 a 时，用了十进制（%d）、八进制（%o）和十六进制（%x）的形式；输出 b 和 c 时都可以用"%f"，b 的宽度最少为 5，小数位保留 3 位。

另外，用"%e"输出 c 的指数形式，用"%c"输出单个字符 d，用"%s"输出字符串"I love C"。

2. 格式输入函数 scanf()

格式输入函数 scanf()的作用是将数据按规定的格式从键盘读入到指定变量中。格式输入函数 scanf()的一般格式为

```
scanf("格式控制",输入项地址列表);
```

例如：

```
scanf("a=%d,b=%f",&a,&b);
```

格式输入函数

括号内包括格式控制和输入项地址列表两部分内容。

（1）格式控制又包含格式声明与普通字符两部分。格式声明用于规定输入数据的格式，如数据的类型、长度等；普通字符是须按原样输入的字符，如本例中的"a=""b="及双引号内的逗号。

scanf()函数中的格式声明与printf()函数中的格式声明类似,以"%"开始,以格式字符结束,中间可以插入附加的符号。其形式为

```
%[m][l 或 h]格式字符
```

其中,常用的格式字符及其用法与printf()函数中的用法类似,此处不再赘述。

① **长度 l 或 h**。l 表示输入长整型或双精度型数据,h 表示输入短整型数据。例如:%ld、%lo、%lx 表示输入数据为长整型(十进制、八进制、十六进制);%lf、%le 表示输入数据为双精度型(小数形式、指数形式);%hd、%ho、%hx 表示输入数据为短整型。

② **数据宽度 m**。m 为十进制整数,用于指定输入数据的宽度(即数字个数)。例如:

```
scanf("%4d",&a);
```

如果输入:

```
123456↙
```

则只读入 4 位给变量 a,即 a 为 1234,后面的 5、6 被舍弃。若输入小于 4 位,则不影响。
对指定了宽度的格式输入,数据之间可以无分隔符,将根据各自宽度来读入。例如:

```
scanf("%3d%3d",&a,&b);
```

输入:

```
123456↙
```

则 a 等于 123,b 等于 456。

提示

对于浮点型数据,数据宽度为数据的整体宽度,包括小数点在内,即数据宽度 m=整数位数+1(小数点)+小数位数。格式输入函数只能指定数据整体宽度,无法指定小数位数,这与格式输出函数 printf()不同。例如:

```
scanf("%3f%3f",&a,&b);
```

输入:1.23.4↙,则 a 等于 1.200000,b 等于 3.400000;输入:1234.5↙,则 a 等于 123.000000,b 等于 4.500000;输入:1.234.5↙,则 a 等于 1.200000,b 等于 34.000000。

(2)输入项地址列表,由需要输入变量的地址组成。变量的地址用取地址运算符"&"得到。多个输入项之间用逗号隔开,同样要求格式声明在数量和类型上与各输入项一一对应。

高手点拨

利用 scanf()函数从键盘读入数据时,需注意以下几点:① 多个数据间可用空格键、回车键或"Tab"键进行分隔,最后以回车键结束输入;② 输入数据个数与顺序要与 scanf()函数规定的一致;③ 如果"格式控制"中有普通字符,就必须按原样输入,否则可能发生严重错误。

【例3-2-2】 用格式输入输出函数实现,从键盘输入一个大写字母,输出对应的小写字母。

【问题分析】 格式输入输出函数中,输入输出字符型数据的格式字符为"%c";大写字母转换成相应的小写字母时,大写字母和小写字母的ASCII码差值为32,故将大写字母加上32即可得到对应的小写字母。

【参考程序】

```
#include <stdio.h>
int main()
{
    char ch1,ch2;                        /*定义字符型变量ch1和ch2*/
    printf("请输入一个大写字母:");      /*输出提示信息*/
    scanf("%c",&ch1);                    /*输入大写字母*/
    ch2=ch1+32;                          /*将大写字母转换成小写字母*/
    printf("对应的小写字母为%c\n",ch2);  /*输出对应的小写字母*/
    return 0;
}
```

【运行结果】 程序运行结果如图3-2-2所示。

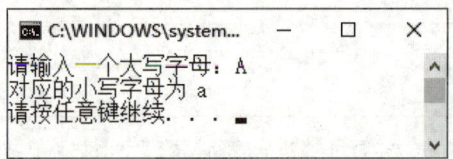

图3-2-2 例3-2-2程序运行结果

三、字符输入输出函数

除可以用scanf()函数和printf()函数输入输出字符之外,C函数库还提供了专门用于输入输出字符的函数,putchar()函数和getchar()函数。

1. 字符输出函数 putchar()

字符输出函数putchar()的功能是向输出设备输出一个字符,其一般格式为

```
putchar(c);
```

c可以是字符常量或变量,也可以是整型常量或变量(ASCII码)。

2. 字符输入函数 getchar()

字符输入函数getchar()的功能是从输入设备中读入一个字符,其一般格式为

```
getchar();
```

该函数的返回值为所读入的字符,所以一般与赋值语句联合使用,将读取的字符赋给

变量,例如:

```
char c;              /*定义字符变量c*/
c=getchar();         /*从键盘读入一个字符并赋值给变量c*/
```

提示

getchar()函数只读取单个字符,如果输入多个字符,则只读取第一个字符。

【例 3-2-3】 用字符输入输出函数实现从键盘输入一个大写字母,然后转换成小写字母输出。

【参考程序】

```c
#include <stdio.h>
int main()
{
    char ch1,ch2;                    /*定义字符型变量ch1和ch2*/
    printf("请输入一个大写字母: ");  /*输出提示信息*/
    ch1=getchar();                   /*输入大写字母*/
    ch2=ch1+32;                      /*将大写字母转换成小写字母*/
    printf("对应的小写字母为");      /*输出提示信息*/
    putchar(ch2);                    /*输出对应的小写字母*/
    printf("\n");                    /*输出回车键*/
    return 0;
}
```

【运行结果】 程序运行结果如图 3-2-3 所示。

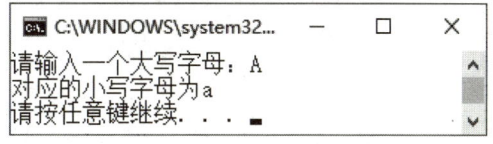

图 3-2-3 例 3-2-3 程序运行结果

任务实施

一、任务分析

为了提供给用户良好的交互体验,任何软件在使用时都会给出足够清晰的信息提示。ATM 在取款环节应先提示用户输入密码;用户输入密码后,提示用户输入取款金额;用户输入取款金额后,提示用户确认取款金额;最后提示"交易完成,请取走卡片"。此处涉及的输入输出可以调用 scanf()函数和 printf()函数。

二、参考程序

```c
#include <stdio.h>
int main()
{
    int s,m;                              /*定义整型变量s和m*/
    printf("请输入密码: ");                /*输出提示信息*/
    scanf("%d",&s);                       /*从键盘输入密码*/
    printf("请输入取款金额: ");            /*输出提示信息*/
    scanf("%d",&m);                       /*从键盘输入取款金额*/
    printf("你的取款金额为%d 元\n",m);     /*输出提示信息*/
    printf("交易完成,请取走卡片\n");       /*输出提示信息*/
    return 0;
}
```

三、运行结果

设密码为 123456,取款金额为 5000 元,则程序运行结果如图 3-2-4 所示。

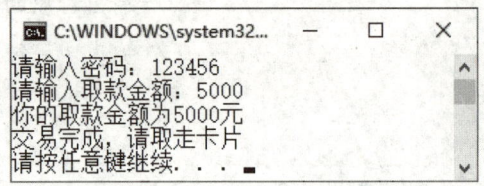

图 3-2-4　简单模拟 ATM 机取款操作程序运行结果

■ 任务实训 ■

一、实训目的

(1)掌握格式输入输出函数的使用方法。
(2)掌握字符输入输出函数的使用方法。
(3)会编写简单的顺序结构程序。

二、实训内容

1. 阅读程序

以下程序,输入 1 2 3↙,则输出的结果为_____。

```
#include <stdio.h>
int main()
{
    int a,b,c;
    scanf("%d%d%d",&a,&b,&c);
    printf("a*b*c=%d\n",a*b*c);
    return 0;
}
```

2. 程序改错

以下程序用于实现输入华氏温度,输出摄氏温度。转换公式为 $c = \frac{5}{9} \times (f-32)$,其中 c 表示摄氏温度,f 表示华氏温度,数据类型为实型。请找出错误并修改验证,然后将修改后的程序填入表 3-2-4 中。

▶ 表 3-2-4 实训过程 1

原程序	修改后的程序

`int main()`
`{`
`    int c,f;`
`    scanf("%f",&f);`
`    c=5/9*(f-32);`
`    printf("c=\n",c);`
`    return 0;`
`}`	

3. 程序设计

(1) 从键盘输入某商品的单价和数量,输出商品的总价。请将实训过程填入表 3-2-5 中。

▶ 表 3-2-5 实训过程 2

程序代码	遇到的问题及解决办法

（2）从键盘输入一个 4 位的整数，输出各个数据位。请将实训过程填入表 3-2-6 中。

▶ 表 3-2-6　实训过程 3

程序代码	遇到的问题及解决办法

项目考核

一、选择题

（1）关于标识符，以下说法中正确的是（　　）。

  A．用户自定义标识符可以同时有大写字母和小写字母

  B．关键字可作为用户自定义标识符

  C．用户自定义标识符中不区分英文大小写字母

  D．标识符中可以出现下划线，但不能用在首位

（2）以下可用作 C 程序用户自定义标识符的一组是（　　）。

  A．define、return、if　　　　　　B．printf、include、fabs

  C．Max、_abc、Main　　　　　　D．2x、a&b、sum-10

（3）在 C 程序中，回车换行符是（　　）。

  A．'\t'　　　　B．'\n'　　　　C．'\v'　　　　D．'\b'

（4）C 程序中，运算对象必须是整型数据的运算符是（　　）。

  A．%　　　　B．/　　　　C．*　　　　D．以上全是

（5）若有定义语句：int x=10,y=100;，则表达式 y*=x+x 的值是（　　）。

  A．100　　　　B．200　　　　C．1000　　　　D．2000

（6）若有输入语句：scanf("a=%d,b=%d,c=%d",&a,&b,&c);，为使变量 a 的值为 1，b 的值为 3，c 的值为 2，则正确的数据输入方式是（　　）。

  A．132↙　　　　　　　　　　B．a=1,b=3,c=2↙

  C．1,3,2↙　　　　　　　　　　D．a=1 b=3 c=2↙

（7）putchar()函数可以向终端输出一个（　　）。

　　A．整型变量表达式值　　　　B．实型变量值

　　C．字符或字符型变量值　　　D．字符串

二、编程题

（1）从键盘输入某学生 4 门课程的成绩，输出该学生的总成绩和平均成绩。

（2）将一个实数保留到小数点后 2 位，对第 3 位小数按四舍五入处理。例如，若输入 123.45678，则输出为 123.46；若输入 123.45123，则输出为 123.45。

项目四

分支语句——让你的选择多样化

项目导读

在生活中，常常面临选择或等级划分问题，如比较两个数的大小、奖学金评选、百分制与五级制成绩转换、乘车分段计费、个人所得税等问题。这些问题反映到程序设计中，都可以用分支语句对其进行处理。

知识目标

- 掌握使用关系运算符、逻辑运算符和条件运算符进行运算的方法。
- 掌握 if 语句的使用方法。
- 掌握 switch 语句的使用方法。

能力目标

- 能读懂较为复杂的分支结构程序。
- 能根据实际问题选择合适的分支语句编写程序。

素质目标

- 提升职业操守，在面临重大选择时，能够做出有利于国家和民族的选择。
- 努力提升自己的职业技能。

班级_____ 姓名_____ 学号_____

任务一　制作简易评教系统

任务工单

一、任务描述

项目二中，读者了解了选择结构。在选择结构中，需要根据判断条件是否成立而选择执行某些操作，在 C 程序中，选择结构常用 if 语句编程实现。本任务将带领大家学习关系运算符、逻辑运算符和 if 语句，并利用 if 语句设计一个简易评教系统。

简易评教系统的要求如下：教师成绩由教务处评分、督导处评分、学生评分和系部自评分 4 部分组成。其中，教务处评分占总分的 10%，督导处评分占总分的 10%，学生评分占总分的 50%，系部自评分占总分的 30%，且每部分的分值范围是 0~100；通过各单项分值汇总得到教师成绩，根据教师成绩评定教师的考核等级，总分小于 70 分为"不称职"，总分大于等于 70 分且小于 90 分为"称职"，总分大于等于 90 分为"优秀"。

二、分组讨论

全班学生以 3~5 人为一组进行分组，各组选出组长。请组长组织组员查找相关资料，并预习知识链接，完成下列问题。

问题 1：在项目三中编写了求解三角形面积的程序，试讨论该程序还有哪些需要改进的地方。

问题 2：回顾选择结构的流程图，试画出制作简易评教系统的流程图。

班级_____ 姓名_____ 学号_____

三、实践操作

使用 Visual C++ 2010,编程实现简易评教系统,通过键盘输入 80 90 70 75↙,查看运行结果。请将实践过程中遇到的问题和解决办法记录在表 4-1-1 中。

▶ 表 4-1-1 实践操作过程

序号	主要问题	解决办法
1		
2		
3		

四、任务评价

请各组选出一名代表展示实践操作的成果,并配合老师完成任务评价,将评价结果填入表 4-1-2 中。

▶ 表 4-1-2 任务评价

评价项目	评价内容	评价分数			
		分值	自评	互评	师评
职业素养考核项目(30%)	考勤、仪容仪表	10 分			
	安全意识、责任意识	10 分			
	团队合作与交流	10 分			
专业能力考核项目(70%)	积极参与教学活动	5 分			
	正确理解任务要求	5 分			
	认真查找任务所需资料并参与讨论	15 分			
	实践操作过程记录表的完成度	15 分			
	是否掌握 if 语句的用法	15 分			
	程序运行结果是否正确	15 分			
综合评分_____ 自评(20%)+互评(20%)+师评(60%)		100 分			
综合评语		教师(签字):			

项目四　分支语句——让你的选择多样化

知识链接

一、关系运算符和关系表达式

在程序中经常需要比较两个量的大小关系，从而决定程序下一步的工作。在 C 程序中，比较两个量大小关系的运算符称为关系运算符，用关系运算符将两个数值或数值表达式连接起来的式子称为关系表达式。

关系运算符和关系表达式

1. 关系运算符

C 程序提供的关系运算符有 6 种，包括大于、大于等于、小于、小于等于、等于和不等于，如表 4-1-3 所示。

▶ 表 4-1-3　关系运算符

序号	符号	功能	优先级
1	>	大于	优先级相同（高）
2	>=	大于等于	
3	<	小于	
4	<=	小于等于	
5	==	等于	优先级相同（低）
6	!=	不等于	

关系运算符说明如下。

（1）C 程序中的大于等于、小于等于、等于、不等于运算符（>=、<=、==、!=）的表示方法与数学中的表示方法不同（⩾、⩽、=、≠）。

（2）在以上 6 种关系运算符中，前 4 种（>、>=、<、<=）的优先级相同，后两种（==、!=）的优先级相同，且前 4 种的优先级高于后两种。

（3）关系运算符的优先级低于算术运算符，但高于赋值运算符。

（4）关系运算符的结合方向为从左到右。

例如：

```
b<a+2                /*等效于 b<(a+2)*/
a<=b!=b>=2           /*等效于 (a<=b)!=(b>=2)*/
a=b<c                /*等效于 a=(b<c)*/
```

> **提示**
>
> 在 C 程序中,"=="是关系运算符,用来判断两个数是否相等,而"="是赋值运算符,用来给左边的变量赋值。例如,x==3 是判断 x 的值是否为 3,而 x=3 是使 x 的值为 3。

2. 关系表达式

关系表达式的值是一个逻辑值,即"真"或"假",关系表达式成立,结果为真,关系表达式不成立,结果为假。例如,关系表达式 3==4 的值为"假",7<=8 的值为"真"。在 C 程序的逻辑运算中,用 1 代表"真",用 0 代表"假"。例如,若 a=1、b=1、c=2,则:

(1) 关系表达式 a>b 的值为"假",表达式的值为 0。

(2) 关系表达式 a==b 的值为"真",表达式的值为 1。

(3) 关系表达式 a<=b+c 的值为"真",因为 b+c 的值为 3,a<=3 的值为"真",所以表达式的值为 1。

(4) 关系表达式 a==c>b 的值为"真",因为 c>b 的值为 1,等于 a 的值,所以表达式的值为 1。

(5) 关系表达式 a=b>c 的值为"假",因为 b>c 的值为 0,所以赋值后 a 的值为 0,整个表达式的值也为 0。

> **提示**
>
> 要注意 C 程序中的关系运算与数学领域中的比较运算是有区别的。例如,若 a=1、b=2、c=3,则关系表达式 c<a<b 的值为"真"。这是因为优先级相同的关系运算符从左向右开始运算,即先判断 c<a 的值为 0,再判断 0<b 的值为 1,所以表达式的值为"真"。但是在数学表达式中 c<a<b 显然是不成立的。因此,如果要判断 a 的值是否在 c 和 b 之间,不能直接用条件表达式来描述,而是需要借助逻辑运算符。

二、逻辑运算符和逻辑表达式

判断 a 的值是否在 c 和 b 之间,需要检查 a>c 和 a<b 两个条件,两个条件同时满足,结果才能为"真"。这种情况下,就需要用逻辑运算符"与"将两个关系表达式连接起来,组成一个复合条件,即 a>c&&a<b。

逻辑运算符和逻辑表达式

1. 逻辑运算符

C 程序中有逻辑与(&&)、逻辑或(||)和逻辑非(!)3 种逻辑运算符,如表 4-1-4 所示。

▶ 表 4-1-4 逻辑运算符

运算符	含义	举例	说明
&&	逻辑与	a&&b	双目运算，如果 a 和 b 都为真，则结果为真，否则为假
||	逻辑或	a||b	双目运算，如果 a 和 b 都为假，则结果为假，否则为真
!	逻辑非	!a	单目运算，如果 a 为假，则结果为真；如果 a 为真，则结果为假

当 a 和 b 的值为不同组合时，各种逻辑运算所得到的结果如表 4-1-5 所示。

▶ 表 4-1-5 逻辑运算的结果

a	b	!a	!b	a&&b	a||b
真	真	假	假	真	真
真	假	假	真	假	真
假	真	真	假	假	真
假	假	真	真	假	假

逻辑运算符说明如下。

（1）3 种运算符的优先级由高到低依次为!、&&、||。

（2）逻辑运算符中的"&&"和"||"的优先级低于关系运算符，"!"的优先级高于算术运算符，而关系运算符的优先级低于算术运算符，如图 4-1-1 所示。

!（非）⟶ 算术运算符 ⟶ 关系运算符 ⟶ &&和|| ⟶ 赋值运算符
（高）　　　　　　　　　　　　　　　　　　　　　　　　（低）

图 4-1-1　运算符优先级

（3）逻辑运算符中的"&&"和"||"的结合性为从左到右，"!"的结合性为从右到左。例如：

```
a>c&&a<b              /*等效于(a>c)&&(a<b)*/
a==b||x>y             /*等效于(a==b)||(x>y)*/
a<b||!a               /*等效于(a<b)||(!a)*/
a>c&&a<b+c            /*等效于(a>c)&&(a<(b+c))*/
2<3&&6>3-!0           /*等效于(2<3)&&(6>(3-!0))*/
```

2. 逻辑表达式

在 C 程序中，参与逻辑运算的所有数值，都会在转换为逻辑"真"或逻辑"假"后才参与逻辑运算。如果参与逻辑运算的数值为 0，则把它作为逻辑"假"处理，如果参与逻辑运算的数值非0，则把它作为逻辑"真"处理。

逻辑运算符两侧的运算对象可以是任何类型的数据，但运算结果一定是整型，并且只有两个值：1或0，分别表示"真"或"假"。例如：

（1）若a=0，则逻辑表达式!a的值为1。因为a的值为0，逻辑值为"假"，对它进行"非"运算，得"真"，"真"以1代表。相反，若a等于任何一个非0的数，那么!a的值为0。

（2）若a=2，b=4，则逻辑表达式a&&b的值为1，因为a和b均非0，逻辑值为1，所以进行"逻辑与"运算的值也为1。

（3）若a=2，b=4，则逻辑表达式a||b的值为1。

（4）若a=2，b=4，则逻辑表达式!a||b的值为1（先计算!a的值为0，再计算0||b的值为1）。

（5）逻辑表达式4&&0||3.6的值为1。

（6）逻辑表达式'A'&&'B'的值为1。

提示

在逻辑表达式求解中，并不是所有的逻辑运算符都会被执行，有时只需执行一部分运算就可以得到结果。

例如，a&&b，只有a为真（非0）时，才需要判断b的值，如果a为假，就不必判断b的值。即只有a≠0，才继续进行其右面的运算。

又如，a||b，只要a为真（非0），就不必判断b的值，只有a为假时，才判断b的值。即只有a=0，才继续进行其右面的运算。

【例4-1-1】 条件运算符和逻辑运算符的应用。

【参考程序】

```c
#include <stdio.h>
int main()
{
    int m=2,n=3,a=1,b=2;    /*定义变量m、n、a和b并赋值*/
    int x,y;                /*定义变量x和y*/
    x=(m=a>b)&&(n=a<b);     /*计算逻辑表达式的值并将值赋给变量x*/
    printf("x=%d,m=%d,n=%d\n",x,m,n); /*输出变量x、m和n的值*/
    y=(m=a>b)||(n=a<b);     /*计算逻辑表达式的值并将值赋给变量y*/
    printf("y=%d,m=%d,n=%d\n",y,m,n); /*输出变量y、m和n的值*/
    return 0;
}
```

【运行结果】 程序运行结果如图 4-1-2 所示。

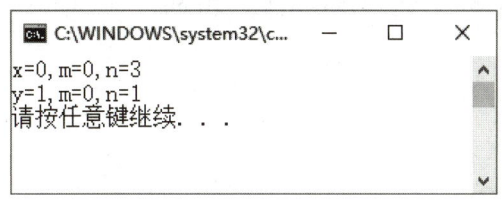

图 4-1-2　例 4-1-1 程序运行结果

【程序说明】 计算表达式 x=(m=a>b)&&(n=a<b)的值时，先判断 a>b，其结果为"假"，即将数值 0 赋给变量 m。同时，由于运算符"&&"左边的值为 0，整个表达式的值即为 0。因此，系统将不再计算运算符"&&"右边的表达式，n 的值还为 3。

计算表达式 y=(m=a>b)||(n=a<b)的值时，由于"||"左边的值为 0，故还需要计算右边表达式 n=a<b 的值，得到 n=1，整个表达式结果也为 1。

三、简单 if 语句

C 程序的 if 语句有两种基本形式。

1. 单分支 if 语句

if 语句允许程序通过判断条件是否成立而选择是否执行指定语句，最简单的形式为

if(表达式) 语句

其中，表达式一般为逻辑表达式或关系表达式；语句可以是一条简单的语句，也可以是多条语句，当为多条语句时，需要用"{}"将这些语句括起来，构成复合语句。

if 语句的执行过程如下：当表达式的值为真（非 0）时，执行语句，否则直接执行 if 语句下面的语句，其流程图如图 4-1-3 所示。

if 语句的基本形式

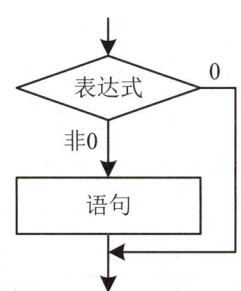

图 4-1-3　if 语句的流程图

【例 4-1-2】 编程实现，输入一个字母，无论该字母为大写字母还是小写字母，均以小写字母形式输出。

【问题分析】 本例要求输出形式为小写字母，那么如果输入的是大写字母，则需要

转换成相应的小写字母。因此可以定义一个字符型变量 ch，首先判断 ch 是否为大写字母，若是则执行 ch=ch+32 转换成小写字母，最后输出 ch。

【参考程序】

```c
#include <stdio.h>
int main()
{
    char ch;                        /*定义字符变量ch*/
    printf("请输入一个字母：");      /*输出提示语*/
    ch=getchar();                   /*输入字符ch*/
    if(ch>='A'&&ch<='Z')            /*判断ch是否是大写字母*/
        ch=ch+32;                   /*满足条件将大写字母转换成小写字母*/
    printf("输出结果为");            /*输出提示语*/
    putchar(ch);                    /*输出字符ch*/
    return 0;                       /*函数返回0*/
}
```

【运行结果】 程序运行结果如图 4-1-4 所示。

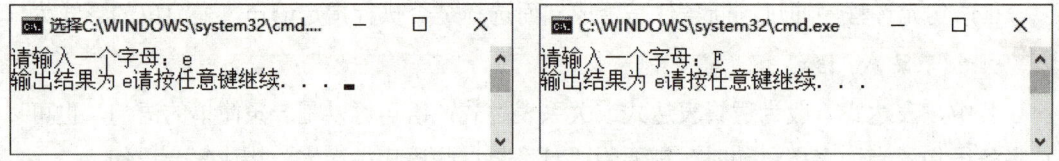

图 4-1-4　例 4-1-2 程序运行结果

知行合一

该程序常用于登录网站时的"验证码"输入。用户输入字符时，无论输入的是大写字母还是小写字母，只要是对应的字符，即认为验证码正确。这说明系统已经将验证码中各字符与用户输入的字符同时转换成了小写字母或者大写字母，然后进行比较。

2. 双分支 if-else 语句

单分支 if 语句只允许在条件为真时指定要执行的语句，而 if-else 语句还可以在条件为假时指定要执行的语句。if-else 语句的一般形式为

```
if(表达式)
    语句1
else
    语句2
```

if-else 语句的执行过程如下：当表达式为真（非 0）时，执行语句 1，否则执行语句 2，其流程图如图 4-1-5 所示。

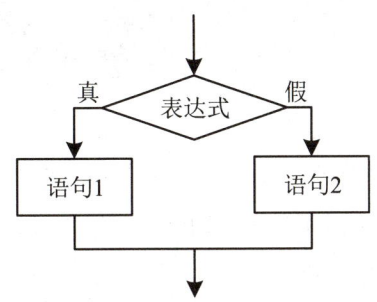

图 4-1-5　if-else 语句的流程图

整个 if-else 语句可以写在多行中，也可以写在一行中。但无论写在几行中，都是一个整体，属于同一个语句。需要注意的是，else 子句不能作为语句单独使用，它必须是 if 语句的一部分，与 if 配对使用。

【例 4-1-3】　编程实现，输入一个正整数，判断该数是偶数还是奇数。

【问题分析】　要判断一个正整数 x 是偶数还是奇数，可判断该整数能否被 2 整除。使用 if-else 语句进行条件判断，如果 x 能被 2 整除，即 x%2==0，则 x 为偶数，否则 x 为奇数。

【参考程序】

```c
#include <stdio.h>
int main()
{
    int x;                          /*定义整型变量x*/
    printf("请输入一个正整数：");   /*输出提示信息*/
    scanf("%d",&x);                 /*从键盘输入变量x*/
    if(x%2==0)                      /*判断x对2取余是否为0*/
        printf("正整数%d是偶数。\n",x);
                                    /*条件成立，输出正整数x是偶数*/
    else
        printf("正整数%d是奇数。\n",x);
                                    /*条件不成立，输出正整数x是奇数*/
    return 0;                       /*函数返回值0*/
}
```

【运行结果】　　程序运行结果如图 4-1-6 所示。

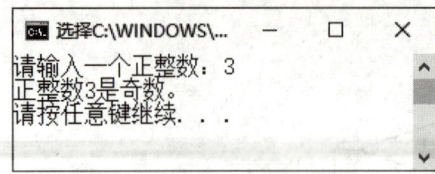 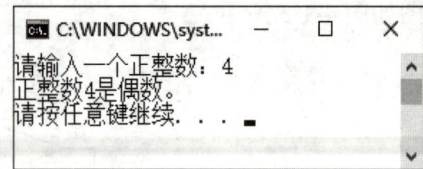

图 4-1-6　例 4-1-3 程序运行结果

【例 4-1-4】　　编写程序，要求输入三角形的 3 条边，输出三角形的面积。

【问题分析】　　在项目三中，编写了求解三角形面积的程序，但还有两个隐含的问题存在：一是输入的 3 个数都必须大于 0，否则无意义；二是必须满足两数之和大于第 3 个数，否则构不成三角形，也就失去了意义。所以需要先判断 3 条边是否都大于 0 并且任意两边之和是否大于第 3 边，如果满足条件，可以构成三角形，再计算三角形的面积，否则输出提示信息。

【参考程序】

```c
#include <stdio.h>
#include <math.h>                              /*包含math.h头文件*/
int main()
{
    float a,b,c,s,area;                        /*定义变量*/
    printf("请输入三角形3条边:\n");             /*输出提示信息*/
    scanf("a=%f,b=%f,c=%f",&a,&b,&c);          /*输入3条边的值*/
    if(a>0&&b>0&&c>0&&a+b>c&&a+c>b&&b+c>a)
                                               /*判断是否满足构成三角形的条件*/
    {
        s=(a+b+c)/2;                           /*计算s的值*/
        area=sqrt(s*(s-a)*(s-b)*(s-c));        /*计算三角形面积*/
        printf("area=%f\n",area);              /*输出计算结果*/
    }
    else                                       /*如不满足条件*/
        printf("输入的3条边不能构成三角形\n");   /*输出提示信息*/
    return 0;
}
```

项目四　分支语句——让你的选择多样化

【运行结果】　程序运行结果如图 4-1-7 所示。

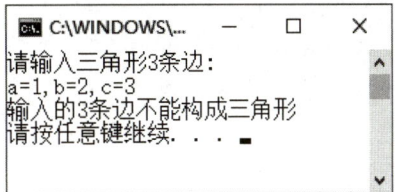

图 4-1-7　例 4-1-4 程序运行结果

【程序说明】　当需要表达多个条件同时满足时，可以用"&&"运算符将这些子条件连接起来。例如，a>0&&b>0&&c>0&&a+b>c&&a+c>b&&b+c>a 表示 6 个子条件同时满足时，才能保证 a、b、c 能构成三角形。

四、if 语句的嵌套

在 if 语句中又包含一个或多个 if 语句称为 if 语句的嵌套，其一般形式如下：

```
if(表达式1)
    if(表达式2)   语句1  ⎫
    else         语句2  ⎬ 内嵌 if
else
    if(表达式3)   语句3  ⎫
    else         语句4  ⎬ 内嵌 if
```

此结构的流程图如图 4-1-8 所示。

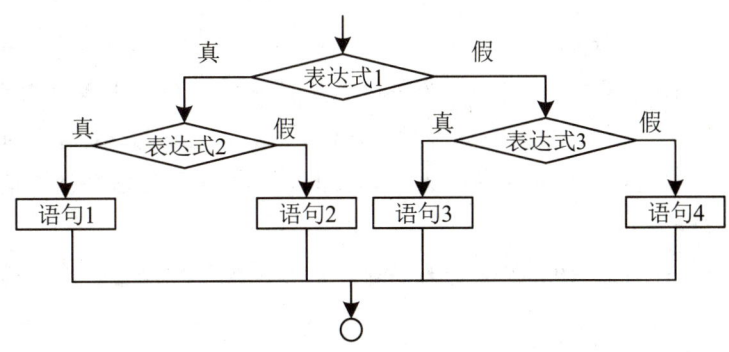

图 4-1-8　嵌套的 if 语句的流程图

在上述语句中，if 与 else 既可成对出现，也可不成对出现，但 else 总是与最近的且还没配对的 if 相配对。

在书写这种语句时，每个 else 应与对应的 if 对齐，形成锯齿形状，这样能够清晰地表示 if 语句的逻辑关系。例如：

```
if(x>=0)
    if(x>0)
        y=1;
    else
        y=0;
else
    y=-1;
```

【例 4-1-5】 输入 3 条边的长度，判断能否构成三角形。若能，再判断该三角形是等边三角形、等腰三角形，还是普通三角形。

【问题分析】 在例 4-1-4 中，分析了构成三角形的条件。在满足条件的前提下，判断是否满足 a==b&&b==c，若满足，该三角形为等边三角形；否则再判断是否满足 a==b ‖ a==c ‖ b==c，若满足，该三角形为等腰三角形；否则为普通三角形。

【参考程序】

```
#include <stdio.h>
int main()
{
    int a,b,c;                                      /*定义变量*/
    printf("请输入三角形3条边：");                    /*输出提示信息*/
    scanf("%d%d%d",&a,&b,&c);                       /*输入3条边的值*/
    if(a>0&&b>0&&c>0&&a+b>c&&a+c>b&&b+c>a) /*判断能否构成三角形*/
    {
        if(a==b&&b==c)                              /*判断3条边是否相等*/
            printf("该三角形为等边三角形\n");/*输出等边三角形*/
        else if(a==b||b==c||a==c)                   /*判断是否有两条边相等*/
            printf("该三角形为等腰三角形\n");/*输出等腰三角形*/
        else
            printf("该三角形为普通三角形\n");/*输出普通三角形*/
    }
    else
        printf("不能构成合法三角形\n");     /*输出不能构成合法三角形*/
    return 0;
}
```

【运行结果】 程序运行结果如图 4-1-9 所示。

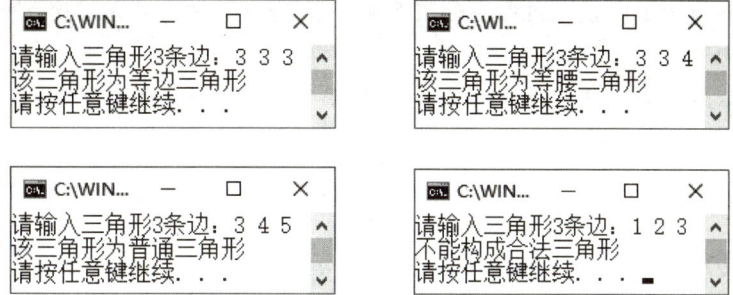

图 4-1-9 例 4-1-5 程序运行结果

例 4-1-5 也可用多分支 if-else-if 语句实现。if-else-if 语句是一类特殊但常用的 if 语句，也常被认为是 if 语句的基本形式。其一般形式如下：

```
if(表达式1)       语句1
else if(表达式2)  语句2
else if(表达式3)  语句3
……
else if(表达式n)  语句n
else              语句n+1
```

执行过程：依次判断表达式的值，当出现某个值为真时，则执行其对应的语句，然后跳到整个 if 语句之外继续执行程序。如果所有的表达式都为假，则执行最后一个 else 后的语句，然后继续执行后续程序。

【例 4-1-6】 用 if-else-if 语句改写例 4-1-5 的程序。
【参考程序】

```c
#include <stdio.h>
int main()
{
    int a,b,c;                              /*定义变量*/
    printf("请输入三角形3条边：");           /*输出提示信息*/
    scanf("%d%d%d",&a,&b,&c);               /*输入3条边的值*/
    if(a<=0||b<=0||c<=0||a+b<=c||a+c<=b||b+c<=a)
                                            /*判断能否构成三角形*/
        printf("不能构成合法三角形\n");       /*输出不能构成合法三角形*/
    else if(a==b&&b==c)                     /*判断3条边是否相等*/
        printf("该三角形为等边三角形\n");    /*输出等边三角形*/
```

```
    else if(a==b||b==c||a==c)           /*判断两条边是否相等*/
        printf("该三角形为等腰三角形\n");/*输出等腰三角形*/
    else
        printf("该三角形为普通三角形\n"); /*输出普通三角形*/
    return 0;
}
```

【运行结果】　程序运行结果如图4-1-10所示。

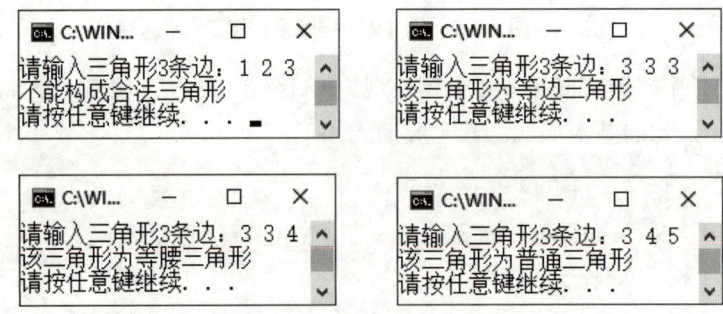

图4-1-10　例4-1-6程序运行结果

高手点拨

if和else的配对关系，else总是与其前方最靠近的，且没有其他else与其配对的if相配对。另外，每个else本身都隐含了一个条件，在编程时要善于利用隐含条件，使程序代码清晰简洁。

任务实施

一、任务分析

当输入成绩有效时，计算教师成绩（教师成绩=教务处评分×0.1+督导处评分×0.1+学生评分×0.5+系部自评分×0.3）。然后判断是否满足"教师成绩≥90"，若满足，则输出"您的评定等级为优秀！"，否则判断是否满足"教师成绩≥70"，若满足，则输出"您的评定等级为称职！"，否则输出"您的评定等级为不称职！"。输入成绩无效时，输出"输入的成绩无效，请重新输入！"。所以，可以用嵌套的if语句实现。

二、参考程序

```c
#include <stdio.h>
int main()
{
    float jw,dd,xs,xb,zf;
    printf("请依次输入教务处评分、督导处评分、学生评分和系部自评分：");
    scanf("%f%f%f%f",&jw,&dd,&xs,&xb);
    if(jw>=0&&jw<=100&&dd>=0&&dd<=100&&xs>=0&&xs<=100&&xb>=0&&xb<=100)                      /*判断成绩输入是否有效*/
    {
        zf=jw*0.1+dd*0.1+xs*0.5+xb*0.3;   /*计算教师评分*/
        printf("教师评分为%f\n",zf);
        if(zf>=90)                         /*计算评定等级*/
            printf("您的评定等级为优秀！\n");
        else if(zf>=70)
            printf("您的评定等级为称职！\n");
        else
            printf("您的评定等级为不称职！\n");
    }
    else                                   /*成绩无效时*/
        printf("输入的成绩无效，请重新输入！\n");
    return 0;
}
```

三、运行结果

通过键盘输入 95 98 92 97↙，程序运行结果如图 4-1-11 所示。

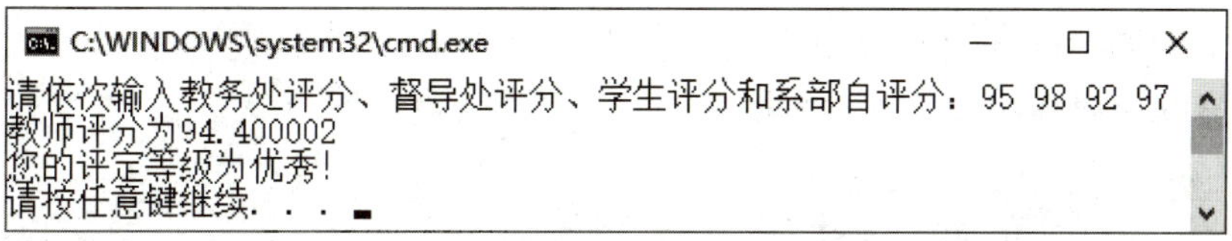

```
C:\WINDOWS\system32\cmd.exe
请依次输入教务处评分、督导处评分、学生评分和系部自评分：95 98 92 97
教师评分为94.400002
您的评定等级为优秀！
请按任意键继续. . .
```

图 4-1-11　简易评教系统程序运行结果

任务实训

一、实训目的

（1）掌握关系运算、逻辑运算及其表达式的应用。
（2）进一步掌握 if 语句的用法。
（3）能根据实际问题选取合适的选择结构语句。

二、实训内容

1. 阅读程序

（1）阅读以下程序段，当 x=-3 时，输出 y 的值为_____。

```c
#include <stdio.h>
int main()
{
    int x,y;
    y=0;
    scanf("%d",&x);
    if(x>=0)
        if(x>0)
            y=1;
        else
            y=-1;
    printf("y=%d",y);
    return 0;
}
```

（2）以下程序的运行结果是_____。

```c
#include <stdio.h>
int main()
{
    int x=10,y=20,z=30;
    if(x>y)
        z=x;
        x=y;
```

```
        y=z;
    printf("%d,%d,%d",x,y,z);
    return 0;
}
```

2. 程序改错

(1) 以下程序用于判断 a 是否为 1。请找出错误并修改验证,然后将修改后的程序填入表 4-1-6 中。

▶ 表 4-1-6 实训过程 1

原程序	修改后的程序

`#include <stdio.h>`
`int main()`
`{`
`    int a;`
`    scanf("%d",&a);`
`    if(a=1)`
`        printf("yes\n");`
`    else`
`        printf("no\n");`
`    return 0;`
`}`	

(2) 以下程序用于按照从小到大的顺序输出 a、b 的值。请找出错误并修改验证,然后将修改后的程序填入表 4-1-7 中。

▶ 表 4-1-7 实训过程 2

原程序	修改后的程序

`#include <stdio.h>`
`int main()`
`{`
`    int a,b,t;`
`    scanf("%d,%d",&a,&b);`
`    if(a>b)`
`        t=a;`
`        a=b;`
`        b=t;`
`    printf("a=%d,b=%d\n",a,b);`
`    return 0;`
`}`	

3. 程序设计

设计简单的飞机行李托运计费系统，将实训过程填入表 4-1-8 中。

行李托运计费系统要求如下：行李重量在 20 kg 以下免费托运；20～30 kg 超出部分 30 元/kg；30～40 kg 超出部分 40 元/kg；40～50 kg 超出部分 50 元/kg；50 kg 以上不允许个人携带。

▶ 表 4-1-8 实训过程 3

程序代码	遇到的问题及解决办法

大师巨匠

支秉彝（1911.9—1993.7），电工测量仪器专家、信息处理工程专家、汉字编码和汉字信息处理和系统研究的开拓者、"见字识码"编码方法的发明人。

1934 年，支秉彝到德国莱比锡大学求学，并在 1940 年获莱比锡大学物理学院自然科学博士学位。二战结束后，美国倚仗其经济上的优势，以丰厚的待遇和优越的物质条件，聘请他去美国工作，并许愿可以帮助他移居美国。他断然拒绝并表示：我千辛万苦学得的本领为的是报效苦难落后的祖国。1946 年，他带着由岳父资助和自己多年积蓄购买的一批计量测试仪器，义无反顾地回到了祖国的怀抱。

支秉彝回国后，从 20 世纪 50 年代开始负责电表三大关键元件（宝石、轴承、游丝）的质量攻关，组织研究了游丝的制造工艺和性能测试设备，制定了质量标准，提高了电表的精度和稳定性，为建立中国的计量标准做出了贡献。60 年代中期他又开始研究汉字信息字模，发明了"见字识码"编码方法，率先攻克了汉字进入电子计算机的难题。

班级_____ 姓名_____ 学号_____

任务二 输出车辆限行提示

任务工单

一、任务描述

除 if 语句之外，C 语言还提供了 switch 语句实现多分支选择结构。本任务将带领大家学习 switch 语句，并在此基础上编写 C 程序输出车辆限行提示。2025 年 3 月 17 日至 2025 年 3 月 23 日北京限行尾号情况如表 4-2-1 所示。

▶ 表 4-2-1　2025 年 3 月 17 日至 2025 年 3 月 23 日北京限行尾号情况

星期	一	二	三	四	五
限行尾号	2 和 7	3 和 8	4 和 9	5 和 0	1 和 6

二、分组讨论

全班学生以 3~5 人为一组进行分组，各组选出组长。请组长组织组员查找相关资料，并预习知识链接，完成下列问题。

问题 1：表 4-2-2 为学生百分制成绩和五级制成绩的对照表，若输入学生的百分制成绩，输出其五级制成绩，请画出流程图，并用 if 语句编写程序实现该过程。

▶ 表 4-2-2　成绩等级对照表

成绩	成绩≥90	80≤成绩<90	70≤成绩<80	60≤成绩<70	成绩<60
等级	优秀（A）	良好（B）	中等（C）	及格（D）	不及格（E）

问题 2：用流程图表示输出车辆限行提示的过程。

班级_____　　姓名_____　　学号_____

三、实践操作

使用 Visual C++ 2010，编程实现输出车辆限行提示。请将实践过程中遇到的问题和解决办法记录在表 4-2-3 中。

▶ 表 4-2-3　实践操作过程

序号	主要问题	解决办法
1		
2		
3		

四、任务评价

请各组选出一名代表展示实践操作的成果，并配合老师完成任务评价，将评价结果填入表 4-2-4 中。

▶ 表 4-2-4　任务评价

评价项目	评价内容	评价分数			
		分值	自评	互评	师评
职业素养考核项目（30%）	考勤、仪容仪表	10 分			
	安全意识、责任意识	10 分			
	团队合作与交流	10 分			
专业能力考核项目（70%）	积极参与教学活动	5 分			
	正确理解任务要求	5 分			
	认真查找任务所需资料并参与讨论	15 分			
	是否正确理解条件运算符和条件表达式	15 分			
	是否掌握 switch 语句的用法	15 分			
	程序运行结果是否正确	15 分			
综合评分_____　自评（20%）+互评（20%）+师评（60%）		100 分			
综合评语		教师（签字）：			

知识链接

一、条件运算符和条件表达式

条件运算符是 C 程序中唯一的一个三目运算符，它要求有 3 个运算对象。条件表达式的一般形式为

`表达式1?表达式2:表达式3`

若表达式 1 为真，则条件表达式的值等于表达式 2 的值，否则等于表达式 3 的值。例如：

`c=a>b?a:b`

在这个表达式中，若 a 大于 b，则条件表达式的值为 a，即将 a 赋值给 c；否则，条件表达式的值为 b，即将 b 赋值给 c。它等价于：

```
if(a>b)
    c=a;
else
    c=b;
```

条件表达式有以下 3 个特点。

（1）条件运算符的优先级低于算术运算符、关系运算符和逻辑运算符，仅高于赋值运算符和逗号运算符。

（2）条件运算符的结合方向为从右到左，当有条件运算符嵌套时，按照从右到左的顺序依次运算。例如，当 a 等于 1，b 等于 2 时，条件表达式：

`a<b?(c=3):a>b?(c=4):(c=5)`

该表达式的值为 3，变量 c 的值也为 3。运行过程如下：首先计算表达式 a>b?(c=4):(c=5)，因为 a>b 为假，所以这一条件表达式的结果为 5，此时 c=5；接着计算 a<b?(c=3):(c=5)，因为 a<b 为真，所以这一条件表达式的结果为 3，此时 c=3。

（3）条件表达式中，表达式 1 一般为关系表达式，表达式 2 和表达式 3 可以是数值表达式，也可以是赋值表达式或函数表达式等。例如：

`a>b?printf("%d",a):printf("%d",b)`

【例 4-2-1】 输入某同学某门课程成绩，判断该同学是否通过考试，输出判断结果。

【问题分析】 判断某同学是否通过考试，设成绩变量为 score，判断 score>=60 是否成立，若成立，则输出"恭喜通过！"，否则输出"很遗憾，没有通过！"。

【参考程序】

```
#include <stdio.h>
int main()
```

```c
{
    int score;                              /*定义成绩变量*/
    printf("请输入学生成绩: ");              /*输出提示信息*/
    scanf("%d",&score);                     /*从键盘输入成绩*/
    score>=60?printf("恭喜通过!\n"):printf("很遗憾,没有通过!\n");
    /*如果score>=60,输出"恭喜通过!",否则输出"很遗憾,没有通过!"*/
    return 0;
}
```

【运行结果】 程序运行结果如图 4-2-1 所示。

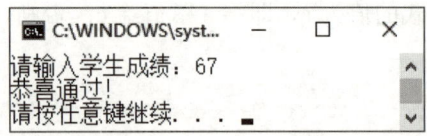 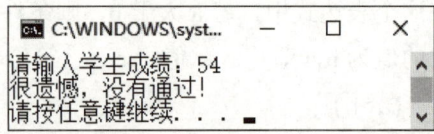

图 4-2-1 例 4-2-1 程序运行结果

二、switch 语句

在日常编程中,常常要把表达式和一系列值进行比较,从中找出匹配的值。这种情况下,除可以用嵌套的 if 语句之外,还可以用 switch 语句。switch 语句往往比嵌套的 if 语句更容易阅读。switch 语句的一般形式如下:

switch 语句

```
switch(表达式)
{
    case 常量表达式1:[语句1]
    case 常量表达式2:[语句2]
    ...
    case 常量表达式n:[语句n]
    [default:语句n+1]
}
```

其中,switch 后表达式的值和 case 后常量表达式的值可以是整型、字符型、枚举型,但不能是浮点型;方括号括起来的内容是可选项。

switch 语句的执行过程如图 4-2-2 所示。首先计算 switch 后表达式的值,然后将其结果与 case 后常量表达式的值依次进行比较,若此值与某 case 后常量表达式的值一致,即转去执行该 case 后的语句;若没有找到与之匹配的常量表达式,则执行 default 后的语句。

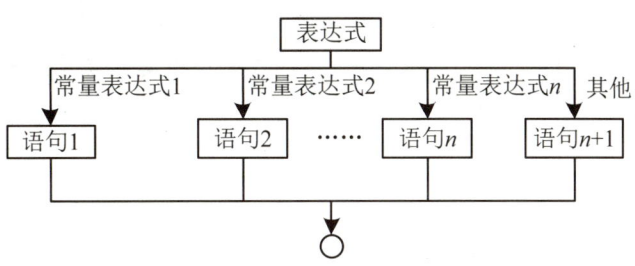

图 4-2-2　switch 多分支选择语句流程图

【例 4-2-2】　用 switch 语句实现,输入学生百分制成绩,输出五级制成绩,判定标准如表 4-2-2 所示。

【问题分析】　由判定标准可以看出,成绩的取值有 5 个范围,每个范围对应一个等级。这是一个典型的多分支选择结构,可以定义整型变量 score,当其取在 0~100 时,使用 switch 语句判断 score/10 的值,利用 case 语句检验 score/10 值的不同情况,并输出相关等级。

【参考程序】

```c
#include <stdio.h>
int main()
{
    int score;                      /*定义成绩变量*/
    printf("请输入学生成绩: ");      /*输出提示信息*/
    scanf("%d",&score);             /*从键盘输入成绩*/
    if(score>=0&&score<=100)        /*当 score 的值在 0~100 时*/
    {
        switch(score/10)            /*判断条件 score/10 的值*/
        {
            case 10:
            case  9:printf("该生的成绩等级为优秀（A）\n");break;
                    /*score/10 的值为 10 或 9 时,为优秀（A）*/
            case  8:printf("该生的成绩等级为良好（B）\n ");break;
                    /*score/10 的值为 8 时,为良好（B）*/
            case  7:printf("该生的成绩等级为中等（C）\n");break;
                    /*score/10 的值为 7 时,为中等（C）*/
            case  6:printf("该生的成绩等级为及格（D）\n");break;
                    /*score/10 的值为 6 时,为及格（D）*/
```

```
            default:printf("该生的成绩等级为不及格（E）\n");break;
                    /*score/10 的值为其他值时，为不及格（E）*/
        }
    }
    else
        printf("输入成绩无效\n");
    return 0;
}
```

【运行结果】 在提示信息后输入 87↵，程序运行结果如图 4-2-3 所示。

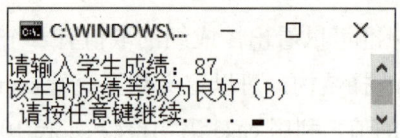

图 4-2-3 例 4-2-2 程序运行结果

【程序说明】 多个 case 可以共用一组执行语句。例如，当分数大于等于 90 分时，即 score/10 为 10 和 9 时，均对应等级"优秀（A）"，此时，可只在最后一个分支后写上处理语句。在每个 case 或 default 语句后都有一个 break 关键字，用于跳出 switch 结构。

提示

break 语句和 switch 语句最外层的右大括号是退出 switch 选择结构的出口，遇到第一个 break 语句时终止执行 switch 语句。如果程序没有 break 语句，则在执行完某个 case 语句后，程序将继续执行下一个 case 语句，直到遇到 switch 语句的右大括号为止。因此，通常在每个 case 语句后增加一个 break 语句，来达到终止 switch 语句执行的目的。

任务实施

一、任务分析

车辆限行提示问题中，星期的取值有 5 个，每个值对应相应的车辆尾号。这是一个典型的多分支选择结构，根据星期的不同取值，输出相应的车辆尾号。

二、参考程序

```
#include <stdio.h>
int main()
```

```
{
    int day;                         /*定义星期*/
    printf("请输入星期: ");          /*输出提示信息*/
    scanf("%d",&day);                /*从键盘输入星期*/
    if(day>=1&&day<=7)
    {
        switch(day)                  /*判断条件day的值*/
        {
            case 1:printf("星期一限行尾号为2和7\n"); break;
                    /*day的值为1时,限行2和7,退出switch语句*/
            case 2:printf("星期二限行尾号为3和8\n"); break;
                    /*day的值为2时,限行3和8,退出switch语句*/
            case 3:printf("星期三限行尾号为4和9\n"); break;
                    /*day的值为3时,限行4和9,退出switch语句*/
            case 4:printf("星期四限行尾号为5和0\n"); break;
                    /*day的值为4时,限行5和0,退出switch语句*/
            case 5:printf("星期五限行尾号为1和6\n"); break;
                    /*day的值为5时,限行1和6,退出switch语句*/
            default:printf("周末不限行\n");break;
                    /*day的值为其他值时不限行,退出switch语句*/
        }
    }
    else
        printf("输入错误\n");
    return 0;
}
```

三、运行结果

通过键盘输入 3√，程序运行结果如图 4-2-4 所示。

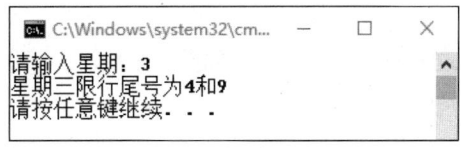

图 4-2-4　车辆限行提示程序运行结果

任务实训

一、实训目的

（1）掌握条件运算符和条件表达式的用法。

（2）能用 switch 语句解决多分支结构问题。

二、实训内容

1. 阅读程序

（1）阅读以下程序段，当 x=-3 时，输出 y 的值为_____。

```
#include <stdio.h>
int main()
{
    int x,y;
    printf("请输入一个整数：");
    scanf("%d",&x);
    y=x>0?x:(-x);
    printf("%d",y);
    return 0;
}
```

（2）以下程序的运行结果是_____。

```
#include <stdio.h>
int main()
{
    int x=1,a=0,b=0;
    switch(x)
    {
        case 0:
            b++;break;
        case 1:
            a++;break;
        case 2:
            a++;b++;break;
    }
```

```
    printf("a=%d,b=%d",a,b);
    return 0;
}
```

2. 程序设计

请用 switch 语句编程模拟某电信公司智能客服系统,按"1"查询剩余话费,输出"正在查询剩余话费,请稍候……";按"2"查询剩余流量,输出"正在查询剩余流量,请稍候……";按"3"查询本月话费,输出"正在查询本月话费,请稍候……";按"4"查询宽带,输出"正在为您转接宽带服务,请稍候……";按"5"接通人工服务,输出"正在为您转接人工服务,请稍候……";按其他键退出。请将实训过程填入表 4-2-5 中。

▶ 表 4-2-5　实训过程

程序代码	遇到的问题及解决办法

项目考核

一、选择题

(1) 能正确表示逻辑关系"a>=10 或 a<=0"的表达式是(　　)。

　　A. a>=10 or a<=0　　　　　　　　B. a>=10|a<=0

　　C. a>=10&&a<=0　　　　　　　　D. a>=10||a<=0

(2) 以下选项中,当 x 为偶数时,值为 0 的表达式是(　　)。

　　A. x%2!=0　　B. x/2　　C. x%2==0　　D. x%2=1

(3) 从键盘输入"x=35,y=80"↙,则以下程序的输出结果是(　　)。

```
#include <stdio.h>
int main()
{
    int x,y;
```

```
    scanf("x=%d,y=%d",&x,&y);
    if(x<-10||x>30)
    {
        if(y>=100)
            printf("危险！");
        else
            printf("报警！");
    }
    else
        printf("安全");
    return 0;
}
```

  A. 危险！ B. 报警！ C. 报警！安全 D. 危险！安全

（4）以下程序的输出结果是（ ）。

```
#include <stdio.h>
int main()
{
    int a=5,b=4,c=6,d;
    printf("%d",d=a>b?(a>c?a:c):b);
    return 0;
}
```

  A. 5 B. 4 C. 6 D. 不确定

二、编程题

（1）输入一元二次方程的系数 a、b、c，判断该方程是否有实数解（$b^2-4ac\geq 0$）。若有，求出该实数解；若没有，输出"此方程无实数解"。

提示：一元二次方程的求解公式为

$$x=\begin{cases}\dfrac{-b\pm\sqrt{b^2-4ac}}{2a}, & b^2-4ac>0,\\ \dfrac{-b}{2a}, & b^2-4ac=0,\end{cases}$$

（2）输入1~7之间的任意数字，输出其对应的星期几的英文，若输入1~7以外的数字，则提示"输入错误"。例如，输入5，程序输出 Friday。

项目五

循环语句——解决迭代问题的好办法

项目导读

在实际应用中，经常会遇到许多有规律的重复运算。例如，在连加或连乘问题中，需要不断变换数值进行重复运算，此时可利用循环结构设计程序。在 C 程序中，循环结构程序通常由 while、do-while 和 for 语句来实现。循环语句是解决迭代问题的好办法。

知识目标

- 掌握 while 和 do-while 循环语句的使用方法。
- 掌握 for 循环语句的使用方法。
- 掌握 break 语句和 continue 语句的使用方法。

能力目标

- 能读懂较为复杂的循环结构程序。
- 能根据实际问题选择合适的循环语句编写程序。

素质目标

- 提升总结规律和将事物化繁为简的能力。
- 不断积累知识，为国家和民族的科技振兴贡献力量。

班级_____   姓名_____   学号_____

任务一 计算等比数列之和

 ·任务工单·

一、任务描述

在数学中，常遇到等差数列、等比数列的问题，其各项之间有着严格的数学关系。例如，等比数列的第 n 项数 $a_n=a_{n-1}\times q$。故求解等比数列前 n 项和时，需要不断变换数值进行重复运算，此时可用循环语句编程实现。本任务将带领大家学习 while 语句和 do-while 语句，并在此基础上编写等比数列求和的 C 程序。

二、分组讨论

全班学生以 3~5 人为一组进行分组，各组选出组长。请组长组织组员查找相关资料，并预习知识链接，完成下列问题。

问题 1：回顾循环结构的流程图，用当型循环结构和直到型循环结构分别表示首项为 5，公比为 2 的等比数列求和算法。

问题 2：查找资料，了解圆周率的历史，并利用公式 $\dfrac{\pi}{4}=1-\dfrac{1}{3}+\dfrac{1}{5}-\dfrac{1}{7}+\cdots+(-1)^n\dfrac{1}{2n+1}$，求出圆周率的近似值，直到公式中单项的绝对值小于 0.001，写出计算过程（小数位保留 2 位）。

班级_____   姓名_____   学号_____

三、实践操作

用 do-while 语句编程，求等比数列前 n 项和。若 $n=20$，检查程序运行结果是否正确。请将实践过程中遇到的问题和解决办法记录在表 5-1-1 中。

▶ 表 5-1-1 实践操作过程

序号	主要问题	解决办法
1		
2		
3		

四、任务评价

请各组选出一名代表展示实践操作的成果，并配合老师完成任务评价，将评价结果填入表 5-1-2 中。

▶ 表 5-1-2 任务评价

评价项目	评价内容	评价分数			
		分值	自评	互评	师评
职业素养考核项目（30%）	考勤、仪容仪表	10 分			
	安全意识、责任意识	10 分			
	团队合作与交流	10 分			
专业能力考核项目（70%）	积极参与教学活动	5 分			
	正确理解任务要求	5 分			
	认真查找任务所需资料并参与讨论	15 分			
	实践操作过程记录表的完成度	15 分			
	掌握 do-while 语句和 while 语句的用法	15 分			
	程序运行结果是否正确	15 分			
综合评分_____ 自评（20%）+互评（20%）+师评（60%）		100 分			
综合评语		教师（签字）：			

项目五 循环语句——解决迭代问题的好办法

知识链接

一、while 循环语句

在 C 程序中，while 语句是最简单也是最基本的循环语句，其格式为

```
while(表达式)
    语句          /*循环体*/
```

圆括号内的表达式是控制表达式；while 下面的语句是循环体，循环体可以是一条简单的语句，也可以是多条语句组成的复合语句。

while 语句的执行流程如图 5-1-1 所示。执行该语句时，须先判断表达式的值，如果它为真（非 0），则执行循环体；接着再次判断表达式的值，如果它仍为真，继续执行循环体，直到表达式的值为假（0），跳出循环体，执行下一条语句。由此可见，while 语句就是当型循环结构。

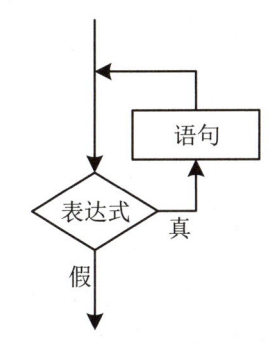

图 5-1-1 while 语句的执行流程

while 循环语句

提 示

while 语句是"先判断，后执行"。如果刚进入循环时条件就不满足，则循环体一次也不执行。另外，还须注意，循环体中要有修改表达式值的语句，使其有结果为假的时候，否则将出现"死循环"。

【例 5-1-1】 分别计算 0.99^{365} 和 1.01^{365} 的值。

【问题分析】 这是一个累计求积的问题，可以用循环结构来实现。

【参考程序】

```c
#include <stdio.h>
int main()
{
```

115

```
    int i=1;                          /*初始化循环变量i*/
    float s1=1,s2=1;                  /*初始化s1和s2*/
    while(i<=365)                     /*循环条件,当i>365时结束*/
    {
        s1*=0.99;                     /*求s1*0.99,将结果放入s1中*/
        s2*=1.01;                     /*求s2*1.01,将结果放入s2中*/
        i++;                          /*循环变量i加1*/
    }
    printf("s1=%f,s2=%f\n",s1,s2);    /*输出s1和s2的值*/
    return 0;
}
```

【运行结果】 程序运行结果如图 5-1-2 所示。

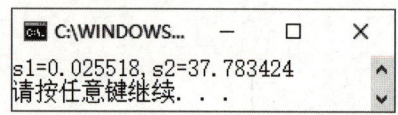

图 5-1-2 例 5-1-1 程序运行结果

在使用 while 语句时,需要注意以下两点。

(1)变量初始化描述要完整、准确。例如,例 5-1-1 中,在 while 语句前要对变量 i、s1 和 s2 进行初始化。

(2)在循环体中应有使循环趋向于结束的语句。例如,例 5-1-1 中循环结束的条件是"i>365",因此,在循环体中用"i++;"语句使 i 增值并最终大于 365。

> **勤习笃学**
>
> 由运行结果可以看到,1.01 的 365 次方和 0.99 的 365 次方是有天壤之别的。这就好比学习,每天努力一点点,积少成多,终会越来越好;每天偷懒一点点,结果就会越来越差。

二、do-while 循环语句

除了 while 语句,还可以用 do-while 语句来实现循环结构。使用 do-while 语句时,无论条件是否满足,都至少执行一次循环体,其语法格式为

do-while 循环语句

```
do
{
```

```
    语句            /*循环体*/
}while(表达式);
```

do-while 语句的执行流程如图 5-1-3 所示。首先执行一次循环体中的语句，然后计算表达式的值，若为真则继续执行循环体，并再次计算表达式的值，直到表达式的值为假，终止循环，执行 do-while 语句的下一条语句。由此可见，do-while 语句是直到型循环结构。

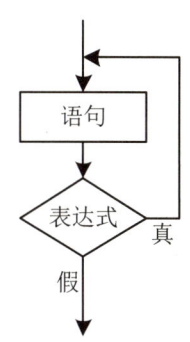

图 5-1-3 do-while 语句的执行流程

【例 5-1-2】 用 do-while 语句求 0.99^{365} 和 1.01^{365} 的值。

【参考程序】

```
#include <stdio.h>
int main()
{
    int i=1;                        /*初始化循环变量i*/
    float s1=1,s2=1;                /*初始化s1和s2*/
    do
    {
        s1*=0.99;                   /*求s1*0.99,将结果放入s1中*/
        s2*=1.01;                   /*求s2*1.01,将结果放入s2中*/
        i++;                        /*循环变量i加1*/
    }while(i<=365);                 /*直到i>365,跳出循环*/
    printf("s1=%f,s2=%f\n",s1,s2);/*输出s1和s2的值*/
    return 0;
}
```

【运行结果】 程序运行结果如图 5-1-4 所示。

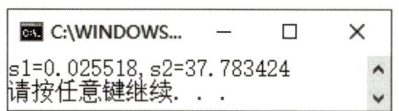

图 5-1-4 例 5-1-2 程序运行结果

> **提示**
>
> 在 do-while 语句中,条件放在 while 后面的圆括号中,并且最后须加上一个分号。

任务实施

一、任务分析

设等比数列的首项为 5,公比为 2,即等比数列中 $a_0=5$,$a_n=a_{n-1}\times 2$,$S_n=S_{n-1}+a_n$,故可以用循环结构来实现。定义变量 S,表示等比数列的和,其初始值为 0;定义变量 a,表示等比数列的项,其初始值为 5;定义循环变量 i,其取值范围为 $1\sim n$,n 为项数。当 $i\leqslant n$ 时,循环计算 S 的值,具体流程如图 5-1-5 所示。

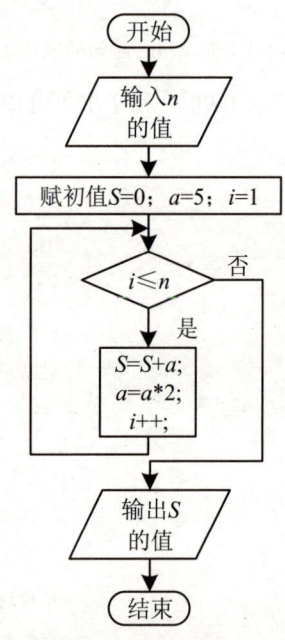

图 5-1-5 等比数列求和的流程图

二、参考程序

用 while 语句编写等比数列求和程序,其参考代码如下。

```
#include <stdio.h>
int main()
{
    int i,n,a,S;                    /*定义变量*/
```

```
        printf("请输入n的值:");         /*输出提示语*/
        scanf("%d",&n);                /*输入n的值*/
        i=1;                           /*给i赋初值1*/
        a=5;                           /*给a赋初值5*/
        S=0;                           /*给S赋初值0*/
        while(i<=n)                    /*循环条件，当i>n时结束*/
        {
            S+=a;                      /*求和，将结果放入S中*/
            a=a*2;                     /*等比数列中的项*/
            i++;                       /*循环变量i自增1*/
        }
        printf("S=%d\n",S);            /*输出S的值*/
        return 0;
    }
```

三、运行结果

通过键盘输入20✓，程序运行结果如图5-1-6所示。

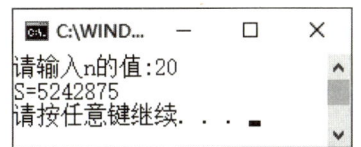

图 5-1-6　计算等比数列之和程序运行结果

任务实训

一、实训目的

（1）掌握 while 语句的使用方法。
（2）掌握 do-while 语句的使用方法。
（3）能用 while 语句和 do-while 语句编程解决循环结构问题。

二、实训内容

1. 阅读程序

（1）若输入字符串 abcde✓，则以下 while 循环体将执行_____次。

```
while((ch=getchar())=='e') printf("*");
```

（2）以下程序的输出结果为_____。

```c
#include <stdio.h>
int main()
{
    int i=10;
    while(i>7)
    {
        i--;
        printf("%d",i);
    }
    return 0;
}
```

2．程序改错

以下程序用于输出 1～10 的自然数。请找出错误并修改验证，然后将修改后的程序填入表 5-1-3 中。

▶ 表 5-1-3　实训过程 1

原程序	修改后的程序

`#include <stdio.h>`
`int main()`
`{`
`    int i=1;`
`    while(i<10)`
`    {`
`        printf("%d\n",i);`
`    }`
`    return 0;`
`}`	

3．程序填空

（1）以下程序用于实现从键盘输入若干学生的成绩，统计并输出最高成绩和最低成绩，当输入负数时结束输入。请将正确答案填在下面的横线上。

```c
#include <stdio.h>
int main()
```

```
{
    float x,amax,amin;
    scanf("%f",&x);
    amax=x;
    amin=x;
    while(____①____)
    {
        if(x>amax) amax=x;
        if(____②____) amin=x;
        scanf("%f",&x);
    }
    printf("\namax=%f\namin=%f\n",amax,amin);
    return 0;
}
```

（2）以下程序的运行结果是***。请将正确答案填在下面的横线上。

```
#include <stdio.h>
int main()
{
    int x=6;
    do{
        printf("*");
        x--;
        x--;
    }while(_____);
    return 0;
}
```

4. 程序设计

使用公式 $\dfrac{\pi}{4}=1-\dfrac{1}{3}+\dfrac{1}{5}-\dfrac{1}{7}+\cdots+(-1)^n\dfrac{1}{2n+1}$，求圆周率 π 的近似值，直至公式中单项的绝对值小于 10^{-6}。请将实训过程填入表5-1-4中。

▶ 表 5-1-4　实训过程 2

程序代码	遇到的问题及解决办法

班级_____ 姓名_____ 学号_____

任务二　打印图形金字塔

任务工单

一、任务描述

除 while 和 do-while 语句之外，C 语言还提供了 for 语句实现循环结构。本任务将带领大家学习 for 语句和循环嵌套语句的用法，并在此基础上编写 C 程序，打印图形金字塔，如图 5-2-1 所示。

图 5-2-1　图形金字塔

二、分组讨论

全班学生以 3~5 人为一组进行分组，各组选出组长。请组长组织组员查找相关资料，并预习知识链接，完成下列问题。

问题 1：中国古代数学家张丘建在他的《算经》中提出了一个著名的"百钱买百鸡"问题：鸡翁一，值钱五；鸡母一，值钱三；鸡雏三，值钱一；百钱买百鸡，问翁、母、雏各几何？试用文字描述"百钱买百鸡"算法。

问题 2：试用 while 语句或 do-while 语句编程实现"百钱买百鸡"。

班级_____   姓名_____   学号_____

三、实践操作

使用 Visual C++ 2010,编程实现输出 8 行的图形金字塔。请将实践过程中遇到的问题和解决办法记录在表 5-2-1 中。

▶ 表 5-2-1　实践操作过程

序号	主要问题	解决办法
1		
2		
3		

四、任务评价

请各组选出一名代表展示实践操作的成果,并配合老师完成任务评价,将评价结果填入表 5-2-2 中。

▶ 表 5-2-2　任务评价

评价项目	评价内容	评价分数			
		分值	自评	互评	师评
职业素养考核项目（30%）	考勤、仪容仪表	10 分			
	安全意识、责任意识	10 分			
	团队合作与交流	10 分			
专业能力考核项目（70%）	积极参与教学活动	5 分			
	正确理解任务要求	5 分			
	认真查找任务所需资料并参与讨论	15 分			
	理解 3 种循环语句的区别	15 分			
	能否正确使用循环嵌套语句	15 分			
	程序运行结果是否正确	15 分			
综合评分_____　自评（20%）+互评（20%）+师评（60%）		100 分			
综合评语		教师（签字）：			

项目五 循环语句——解决迭代问题的好办法

知识链接

一、for 循环语句

1．for 循环语句的一般形式

for 循环语句的一般形式为

for 循环语句

```
for(表达式1;表达式2;表达式3)
    语句                        /*循环体*/
```

表达式 1：通常为赋值表达式，用于给循环变量赋初值，只执行一次。

表达式 2：通常为关系表达式或逻辑表达式，在每次执行循环体前先执行此表达式，以决定是否继续执行循环体。

表达式 3：通常为表达式语句，用来描述循环变量的变化，多数情况下为自增或自减表达式，实现对循环变量的修改。它是在执行完循环体后才执行的。

for 循环语句的执行流程如图 5-2-2 所示。

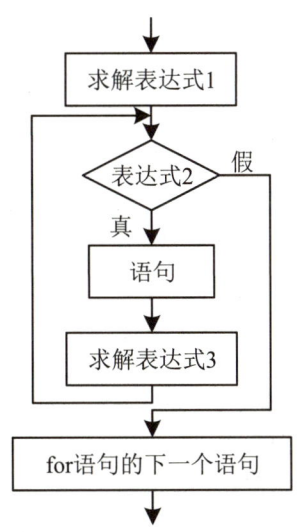

图 5-2-2　for 循环语句的执行流程

（1）计算表达式 1 的值，为循环变量赋初值。

（2）计算表达式 2 的值，如果其值为真（非 0），则执行循环体语句，然后执行第（3）步；如果为假（0），则退出循环，执行 for 循环后的语句。

（3）计算表达式 3 的值，调整循环变量的值。

（4）返回执行第（2）步，重新计算表达式 2 的值，依此重复过程，直到表达式 2 的值为假（0），退出循环。

例如：

```
for(i=1;i<=10;i++)
    语句
```

先给 i 赋初值 1，判断 i 是否小于等于 10，若成立，则执行语句；然后 i 的值增加 1，再重新判断 i 是否小于等于 10，直到条件为假，即 i>10 时，结束循环。

【例 5-2-1】 用 for 循环语句实现求 $S=1+2+3+\cdots+n$ 的值。

【问题分析】 首先赋初值，即 i=1；循环语句执行的条件为 i<=n；在循环过程中，每循环一次后执行一次 i 自增 1。

【参考程序】

```c
#include <stdio.h>
int main()
{
    int i,n,S;                      /*定义变量*/
    printf("请输入 n 的值:");        /*输出提示语*/
    scanf("%d",&n);                 /*输入 n 的值*/
    S=0;                            /*给 S 赋初值*/
    for(i=1;i<=n;i++)               /*循环，当 i>n 时结束*/
        S+=i;                       /*求和，将结果放入 S 中*/
    printf("S=%d\n",S);             /*输出 S 的值*/
    return 0;
}
```

【运行结果】 从键盘输入 50↙，程序运行结果如图 5-2-3 所示。

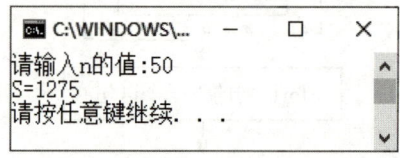

图 5-2-3 例 5-2-1 程序运行结果

2. for 循环语句说明

在使用 for 循环语句实现循环时需要说明以下几点。

（1）在 for 循环语句中省略表达式。for 循环中的"表达式 1""表达式 2"和"表达式 3"都是可选项，即可以缺省，但表达式之间的分号";"绝对不能缺省。当省略"表达式 1"时，应在 for 语句之前给循环变量赋初值；当省略"表达式 2"时，表示循环条件总是成立，相当于 while(1)；当省略"表达式 3"时，表示不对循环变量进行操作，此时须在循环体中加入修改循环变量的语句。

（2）在 for 循环语句中省略语句。for 语句的循环体可以是空语句，表示当循环条件满足时进行空操作。语句格式为

```
for(表达式1;表达式2;表达式3);
```

例如：

```
for(i=1;i<=20000;i++);
```

表示循环变量空循环了 20 000 次，占用了一定的时间，起到了延长时间的效果。

（3）for 循环语句中逗号表达式的应用。在 for 循环语句中，表达式 1 和表达式 3 可以是一个简单的表达式，也可以是逗号表达式，即包含一个以上的简单表达式，中间用逗号间隔。例如：

```
for(n=1,m=100;n<m;n++,m--)
    s=n+m;
```

其中，表达式 1 同时为 n 和 m 赋初值，表达式 3 同时改变 n 和 m 的值。

提示

逗号表达式在运算时将从左至右依次求取各个表达式的值，而整个逗号表达式的值为最后一个表达式的值。例如，表达式"c=(a+b,a-b)"的执行过程是，先计算表达式 a+b 和 a-b 的值，然后将 a-b 的值赋给变量 c。

逗号运算符在全部运算符里优先级最低，因此最好将整个逗号表达式用圆括号括起来，否则意义可能会不同。例如，表达式"c=a+b,a-b"中，会将 c=a+b 作为表达式 1，a-b 作为表达式 2，构成逗号表达式。

【例 5-2-2】 编程实现，输出 1～1000 能同时被 3、5、7 整除的数。

【问题分析】 设循环变量 i 从 1 循环到 1000，判断每个自然数 i 是否能够同时被 3、5、7 整除，即将满足条件"i%3==0&&i%5==0&&i%7==0"的数输出。

【参考程序】

```c
#include <stdio.h>
int main()
{
    int i=1;                          /*定义变量i*/
    for(i=1;i<=1000;i++)              /*i 从 1 到 1000 循环 1000 次*/
    {
        if(i%3==0&&i%5==0&&i%7==0)    /*如果满足条件则输出 i 的值*/
            printf("%4d",i);
```

```
    }
    printf("\n");
    return 0;
}
```

【运行结果】 程序运行结果如图 5-2-4 所示。

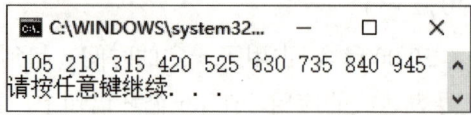

图 5-2-4　例 5-2-2 程序运行结果

二、循环嵌套

一个循环语句的循环体内包含另一个完整的循环结构，称为循环嵌套。嵌在循环体内的循环称为内循环，嵌有内循环的循环称为外循环。内嵌的循环中还可以嵌套循环，这就是多重嵌套。

3 种循环语句 while 语句、do-while 语句和 for 语句可以互相嵌套，自由组合。但要注意的是，各循环必须完整包含，相互之间不允许有交叉现象。例如：

```
while(表达式)
{
    语句
    for(表达式1;表达式2;表达式3)
    {
        语句
    }
}                                        内循环
```

【例 5-2-3】　一张单据上有一个 5 位数的号码为 "6**42"，其中百位数和千位数已模糊不清，但知道这个 5 位数能被 57 和 67 整除。请编程找出该单据上所有可能的号码。

【问题分析】　该问题可使用循环嵌套来实现，外循环控制千位数（0～9），内循环控制百位数（0～9），循环体内判断该数能否同时被 57 和 67 整除，若能，则输出该号码。

【参考程序】

```
#include <stdio.h>
int main()
{
    int h, i, j;                          /*定义变量*/
    for(i=0;i<=9;i++)                     /*外循环，控制千位数*/
```

项目五　循环语句——解决迭代问题的好办法

```
    {
        for(j=0;j<=9;j++)              /*内循环，控制百位数*/
        {
            h=6*10000+i*1000+j*100+42; /*计算该号码的数值*/
            if(h%57==0&&h%67==0)       /*判断能否同时被57和67整除*/
                printf("号码=%d\n",h); /*输出号码*/
        }
    }
    return 0;
}
```

【运行结果】　程序运行结果如图5-2-5所示。

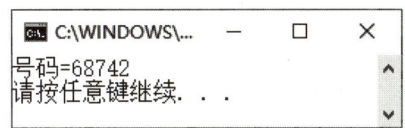

图5-2-5　例5-2-3程序运行结果

任务实施

一、任务分析

从图形金字塔的结构可以看出，第一行有1个"*"，第二行有3个"*"，第三行有5个"*"，依此类推，第 n 行有 $2n-1$ 个"*"；从位置上看，第一行"*"前有 $n-1$ 个空格，第二行"*"前有 $n-2$ 个空格，第三行"*"前有 $n-3$ 个空格，依此类推，第 $n-1$ 行"*"前有1个空格。定义图形金字塔的行数为 n，则在第 i 行中，前 $n-i$ 列为空格，从第 $n-i+1$ 列开始为 $2i-1$ 个"*"。因此，可以由循环嵌套语句实现。

二、参考程序

```
#include <stdio.h>
int main()
{
    int n,i,j;                   /*定义金字塔的高度、行数和列数*/
    printf("请输入金字塔的高度：");
    scanf("%d",&n);              /*输入n的值*/
    for(i=1;i<=n;i++)            /*外循环，变量i为图形金字塔行*/
    {
```

```
        for(j=0;j<n-i;j++)        /*内循环,输出空格*/
            printf(" ");
        for(j=0;j<2*i-1;j++)      /*内循环,输出"*"*/
            printf("*");
        printf("\n");             /*执行完每行后,回车换行*/
    }
    return 0;
}
```

三、运行结果

从键盘输入 8✓,程序运行结果如图 5-2-6 所示。

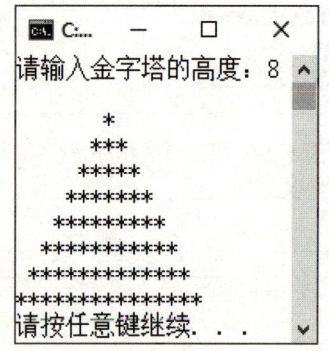

图 5-2-6　图形金字塔程序运行结果

任务实训

一、实训目的

(1) 掌握 for 语句和循环嵌套结构的使用方法。
(2) 具备循环结构程序的基本分析和编写能力。

二、实训内容

1. 阅读程序

(1) 以下程序的运行结果是_____。

```
#include <stdio.h>
int main()
{
```

```
    int i,k=0;
    for(i=1;i<10;i+=2)          /*每执行一次，i加2*/
        k+=i+1;
    printf("%d\n",k);
    return 0;
}
```

（2）以下程序的运行结果是_____。

```
#include <stdio.h>
int main()
{
    int i;
    for(i=0;i<3;i++)
        switch(i)
        {
            case 1:  printf("%d",i);break;
            case 2:  printf("%d",i);break;
            default: printf("%d",i);break;
        }
    return 0;
}
```

2. 程序填空

以下程序用于计算 1-3+5-7+⋯-99+101 的值。请将正确答案填在下面的横线上。

```
#include <stdio.h>
int main()
{
    int i,s=0,f=1;
    for(i=1;i<=101;i+=2)
    {
        ____①____;
        ____②____;
    }
    printf("%d\n",s);
    return 0;
}
```

3. 程序设计

用 for 语句实现"百钱买百鸡"问题。请将实训过程填入表 5-2-3 中。

▶ 表 5-2-3　实训过程

程序代码	遇到的问题及解决办法

辉煌中国

"百钱买百鸡"是中国古代关于不定方程正整数解的典型问题，张邱建对此有精湛而独到的见解，著有《张邱建算经》3卷。北周学者甄鸾、唐朝学者李淳风相继为该书作了注释，唐朝诗人刘孝孙为算经撰了细草。《张邱建算经》的体例为问答式，条理精密，文词古雅，是中国古代数学史上的杰作，也是世界数学资料库中的一份遗产。

班级_____   姓名_____   学号_____

任务三　判断某整数是素数还是合数

任务工单

一、任务描述

前两个任务带领大家学习了循环结构中的 while 语句、do-while 语句和 for 语句。这些语句都是当循环条件为假时才能退出循环。然而，在某些场合，只要满足一定的条件就应当提前结束正在执行的循环操作，此时可以使用转移语句来直接退出循环。转移语句包括 break 语句和 continue 语句。本任务将带领大家学习转移语句，并在此基础上编程实现判断某整数是素数还是合数。

二、分组讨论

全班学生以 3~5 人为一组进行分组，各组选出组长。请组长组织组员查找相关资料，并预习知识链接，完成下列问题。

问题 1：试讨论判定某整数为素数的条件。

问题 2：break 语句和 continue 语句有哪些区别？

班级_____   姓名_____   学号_____

三、实践操作

使用 Visual C++ 2010，编程实现判断某整数是素数还是合数，并输入数值，验证结果是否正确。请将实践过程中遇到的问题和解决办法记录在表 5-3-1 中。

▶ 表 5-3-1 实践操作过程

序号	主要问题	解决办法
1		
2		
3		

四、任务评价

请各组选出一名代表展示实践操作的成果，并配合老师完成任务评价，将评价结果填入表 5-3-2 中。

▶ 表 5-3-2 任务评价

评价项目	评价内容	评价分数			
		分值	自评	互评	师评
职业素养考核项目（30%）	考勤、仪容仪表	10 分			
	安全意识、责任意识	10 分			
	团队合作与交流	10 分			
专业能力考核项目（70%）	积极参与教学活动	5 分			
	正确理解任务要求	5 分			
	认真查找任务所需资料并参与讨论	15 分			
	理解 break 语句和 continue 语句的区别	15 分			
	正确使用转移语句实现循环控制	15 分			
	程序运行结果是否正确	15 分			
综合评分_____	自评（20%）+互评（20%）+师评（60%）	100 分			
综合评语		教师（签字）：			

项目五 循环语句——解决迭代问题的好办法

知识链接

一、break 语句

在多分支结构中，使用 break 语句跳出 switch 语句，去执行 switch 语句下面的语句。实际上，还可以使用 break 语句跳出循环体，去执行循环体下面的语句。break 语句的一般形式为

```
break;
```

提 示

break 语句只能出现在 switch 语句或循环语句的循环体中。

在循环结构中，break 语句通常与 if 语句一起使用，以便在满足条件时跳出循环。

【例 5-3-1】 计算满足条件的最大整数 n，使得 1+2+3+…+n<=10 000。

【问题分析】 本例题与例 5-2-1 类似，显然应该用循环结构来处理，但是不一样的是，本例题中的循环次数是不确定的。这里可以在循环体中计算累加的结果 S，并用 if 语句判断 S 是否达到 10 000，如果达到就不再继续循环，n−1 的值即为要求的数。

【参考程序】

```c
#include <stdio.h>
int main()
{
    int n,S;                    /*定义变量*/
    S=0;                        /*给S赋初值*/
    for(n=1;;n++)               /*循环,省略循环条件表示无限循环*/
    {
        S+=n;                   /*求和,将结果放入S中*/
        if(S>10000)             /*当S>10000时跳出循环*/
            break;
    }
    printf("最大整数n为%d,使得1+2+3+…+n<=10000\n",n-1);
                                /*输出n-1的值*/
    return 0;
}
```

【运行结果】 程序运行结果如图 5-3-1 所示。

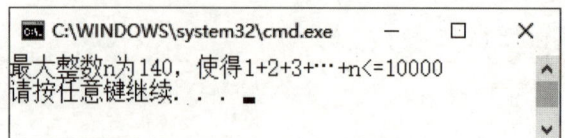

图 5-3-1　例 5-3-1 程序运行结果

【程序说明】　本例题中由于 for 语句中省略了表达式 2，因此，如果没有 break 语句，程序将无限循环下去。当 n 为 141 时，S 的值为 10 011，if 语句中的关系表达式 S>10 000 为"真"，执行 break 语句，跳出 for 循环，输出 n−1 的值。

二、continue 语句

程序运行时，有时并不希望终止整个循环操作，而只希望提前结束本次循环，接着执行下次循环，此时可以用 continue 语句，其一般形式为

```
continue;
```

其作用是结束本次循环，即跳过循环体中 continue 语句后面的语句，开始下次循环。

提示

（1）continue 语句只能出现在 while、do-while 和 for 循环语句的循环体中。

（2）若执行 while 或 do-while 语句中的 continue 语句，则跳过 continue 语句后面的循环体语句，直接转去判断下次循环控制条件；若 continue 语句出现在 for 语句中，就是跳过 continue 语句后面的循环体语句，转而执行 for 语句的表达式 3。

在循环结构中，continue 语句通常与 if 语句一起使用，用来加速循环。

【例 5-3-2】　编程输出 1~50 的所有奇数。

【问题分析】　能被 2 整除的数为偶数，不能被 2 整除的数为奇数。因此，在遇到偶数时可用 continue 语句退出本次循环。

【参考程序】

```
#include <stdio.h>
int main()
{
    int n;                          /*定义变量*/
    for(n=1;n<=50;n++)              /*循环，当 n>50 时退出循环*/
    {
        if(n%2==0)                  /*判断 n 是否为偶数*/
            continue;               /*当 n 为偶数时跳出本次循环*/
        else                        /*当 n 为奇数时输出 n 的值*/
```

项目五 循环语句——解决迭代问题的好办法

```
        printf("%3d",n);
    }
    printf("\n");                    /*输出回车符*/
    return 0;
}
```

【运行结果】 程序运行结果如图 5-3-2 所示。

图 5-3-2 例 5-3-2 程序运行结果

高手点拨

continue 语句和 break 语句的区别如下。
（1）continue 语句只能出现在循环语句中，而 break 语句既可以出现在循环语句中，也可以出现在 switch 语句中。
（2）continue 语句只结束本次循环，而 break 语句结束整个循环过程。

任务实施

一、任务分析

本任务的关键是如何判断素数。素数是指在一个大于 1 的自然数中，除 1 和它自身之外，不能被其他自然数整除的数，和合数相对。即如果 m 是素数，则它不能被 $2\sim m-1$ 的任何一个数整除，又因为 m 不可能被大于 $m/2$ 的数整除，所以取值区间可缩小为 $[2,m/2]$。当期间有一个数能够整除 m，则 m 是合数，使用 break 语句结束循环。

二、参考程序

```c
#include <stdio.h>
int main()
{
    int i,r,n,m;
    printf("请输入一个数：");
    scanf("%d",&m);
```

```c
        if(m<2)                          /*当m<2时*/
        {
            if(m==1)                     /*判断m是否为1*/
                printf("%d既不是素数也不是合数\n",m);
            else                         /*判断m是否是自然数*/
                printf("%d不是自然数\n",m);
        }
        else                             /*m>=2时，判断m是否为素数*/
        {
            for(i=2,n=m/2;i<=n;i++)      /*i的取值为[2,m/2]*/
            {
                r=m%i;
                if(r==0)
                {
                    printf("%d是合数\n",m); /*若m能被i整除，则m为合数*/
                    break;               /*退出循环*/
                }
            }
            if(i>n)
                printf("%d是素数\n",m);   /*若i>n,则输出m是素数*/
        }
        return 0;
    }
```

三、运行结果

程序运行结果如图5-3-3所示。

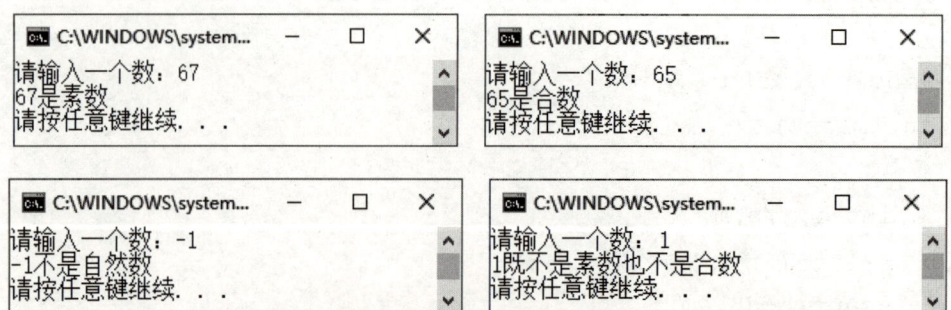

图5-3-3 判断某整数是素数还是合数程序运行结果

项目五　循环语句——解决迭代问题的好办法

■ 任务实训 ■

一、实训目的

（1）掌握 break 语句的使用方法。

（2）掌握 continue 语句的使用方法。

二、实训内容

1. 阅读程序

以下程序的输出结果为＿＿＿＿。

```
#include <stdio.h>
int main()
{
    int a=10;
    while(a<20)
    {
        a++;
        if(a>15) break;
    }
    printf("a的值: %d\n",a);
    return 0;
}
```

2. 程序填空

以下程序用于输出 100 以内能被 3 整除且个位数为 6 的所有整数，请将正确答案填在下面的横线上。

```
#include <stdio.h>
int main()
{
    int i,j;
    for(i=0;____①____;i++)
    {
        j=i*10+6;
        if(____②____) continue;
```

```
        printf("%d\n",j);
    }
    return 0;
}
```

3. 程序设计

统计从键盘所输入字符的英文字母个数。请将实训过程填入表 5-3-3 中。

▶ 表 5-3-3 实训过程

程序代码	遇到的问题及解决办法

项目考核

一、选择题

（1）以下说法正确的是（　　）。

　　A．while 语句不管条件表达式是否为真，都将执行一次循环体

　　B．对于 do-while 语句构成的循环，一定要有能使 while 后面表达式的值为 0 的操作，或在循环体中使用 break 语句

　　C．for 循环只能用于循环次数确定的情况，且先执行循环体语句，后判断条件表达式

　　D．break 语句的作用是从最近的循环体内跳出来，而 continue 语句的作用是继续执行循环体中尚未执行的语句

（2）以下叙述正确的是（　　）。

　　A．do-while 语句构成的循环不能用其他语句构成的循环来代替

　　B．do-while 语句构成的循环只能用 break 语句退出

C. 用 do-while 语句构成的循环，在 while 后的表达式为 true 时结束循环

D. 用 do-while 语句构成的循环，在 while 后的表达式应为关系表达式或逻辑表达式

(3) 若循环体语句中没有改变 i 的值，两个循环执行的次数分别是（　　）。

```
int i=0;
while(++i<=10)
{
   /*循环体语句*/
}
int i=0;
do
{
   /*循环体语句*/
}while(++i<=10);
```

  A. 10　11　　　　B. 11　10　　　　C. 9　10　　　　D. 10　9

(4) 以下关于 for 循环的说法不正确的是（　　）。

  A. for 循环只能用于循环次数已经确定的情况

  B. for 循环是先判定表达式，后执行循环体语句

  C. for 循环中可以用 break 语句跳出循环体

  D. for 循环体语句中可以包含多条语句，但要用大括号括起来

(5) 对 for(表达式1;;表达式3)，可理解为（　　）。

  A. for(表达式1;0;表达式3)　　　　B. for(表达式1;1;表达式3)

  C. 语法错误　　　　　　　　　　D. 仅执行循环一次

(6) 以下代码运行后，s 的值是（　　）。

```
int i,s=0;
for(i=1;i<100;i++)
{
   if(s>10)
       break;
   if(i%2==0)
       s+=i;
}
```

  A. 20　　　　B. 12　　　　C. 10　　　　D. 6

二、编程题

（1）分别用 while 语句和 for 语句实现，统计 100 以内能被 3 整除的自然数。

（2）验证四方定理，即输入任意一个自然数，都可用 4 个数的平方和来表示。

（3）一个百万富翁遇到一个陌生人，陌生人找他谈一个换钱的计划：我每天给你十万元，而你第一天只需给我一分钱，第二天我仍给你十万元，你给我两分钱，第三天我仍给你十万元，你给我四分钱，……，你每天给我的钱数是前一天的两倍，直到满一个月（30天），百万富翁很高兴，欣然接受了这个契约。请编写程序模拟换钱过程，计算出谁换到的钱更多。

项目六

数组——处理同类型数据的最好方法

项目导读

现实生活中的数据往往是复杂多样的，数据间也可能存在着某种联系。例如，学生成绩、销售报表、人口信息等，这些数据通常较多，且数据类型相同。如果用前面介绍过的简单变量来处理这样的数据显然是很不方便的。此时，可用数组来处理，数组是处理同类型数据的最好方法。

知识目标

- 理解数组的概念。
- 掌握一维数组的定义、引用和初始化方法。
- 掌握二维数组的定义、引用和初始化方法。
- 掌握字符数组的定义、引用和初始化方法。
- 掌握字符串处理函数的使用方法。

能力目标

- 能在程序中使用数组。
- 能利用数组处理相同类型的数据。

素质目标

- 通过统计降水信息，增强环境保护意识。
- 通过回文对联，感受中国传统文化之美。

班级_____　　　姓名_____　　　学号_____

任务一　使用冒泡法对学生成绩进行排序

 任务工单

一、任务描述

评比奖学金时，通常需要先将学生的成绩从高到低进行排序，有时候也需要从低到高进行排序。在这个问题中，可以将每个学生的成绩定义成一个变量，但定义变量的个数会随着学生数量的增加而增加。而变量越多，程序的可读性就会越差。而这些变量的数据类型又都是一致的，此时可以用一维数组表示。本任务将带领大家学习一维数组的相关知识，并使用冒泡法对学生成绩进行排序。

二、分组讨论

全班学生以 3~5 人为一组进行分组，各组选出组长。请组长组织组员查找相关资料，并预习知识链接，完成下列问题。

问题 1：在以下的数组定义中，合法的是（　　　）。

　　　　A．int a[]={"string"};　　　　　　B．int a[5]={0,1,2,3,4,5};

　　　　C．int a[]=0;　　　　　　　　　　D．int a[ ]={0,1,2,3,4,5};

问题 2：有定义语句"double p[8];"，该数组中每个元素占用_____字节，整个数组占用_____字节，_____可以代表数组在内存中存放的首地址。

问题 3：某班有 30 个学生，若按照身高进行排序，有哪些排序方法？请选择其中一种，写出其排序步骤。

班级_____   姓名_____   学号_____

三、实践操作

使用 Visual C++ 2010，编程实现输入 10 个学生的成绩，将成绩从低到高排列。请将实践过程中遇到的问题和解决办法记录在表 6-1-1 中。

▶ 表 6-1-1 实践操作过程

序号	主要问题	解决办法
1		
2		
3		

四、任务评价

请各组选出一名代表展示实践操作的成果，并配合老师完成任务评价，将评价结果填入表 6-1-2 中。

▶ 表 6-1-2 任务评价

评价项目	评价内容	评价分数			
		分值	自评	互评	师评
职业素养考核项目（30%）	考勤、仪容仪表	10 分			
	安全意识、责任意识	10 分			
	团队合作与交流	10 分			
专业能力考核项目（70%）	积极参与教学活动	5 分			
	正确理解任务要求	5 分			
	认真查找任务所需资料并参与讨论	15 分			
	实践操作过程记录表的完成度	15 分			
	是否掌握一维数组的使用方法	15 分			
	程序运行结果是否正确	15 分			
综合评分_____	自评（20%）+互评（20%）+师评（60%）	100 分			
综合评语		教师（签字）：			

知识链接

一、一维数组的定义

一维数组是一组用来存放多个相同类型数据的集合，该集合中的成员称为元素，每个数组元素都由数组名和一个下标来唯一确定。同普通变量的使用相同，数组在使用之前要先定义。一维数组的定义方式为

一维数组

```
类型说明符 数组名[常量表达式];
```

其中：

（1）类型说明符可以是任意基本数据类型或构造数据类型，如 int、float、char 等。

（2）数组名是用户定义的数组标识符，即数组元素共同的名字。

（3）方括号中的常量表达式表示数组元素的个数（即数组长度）。

例如：

```
int ch[20];         /*定义整型数组ch,有20个元素*/
float b[10],c[20];  /*定义实型数组b,有10个元素；定义实型数组c,有20个元素*/
```

定义数组时应注意以下 3 点。

（1）数组的类型实际上是指数组元素的取值类型。对于同一个数组，其所有元素的数据类型都是相同的。

（2）数组名不能与其他变量名相同。

（3）在方括号中不能用变量来定义元素的个数，但是可以用符号常数或常量表达式来定义。

经定义，系统为数组元素在内存中分配了连续的存储单元。例如：

```
int a[15];
```

数组名 a 是数组存储区的首地址，即数组第一个元素的地址：a→&a[0]。在 Visual C++ 中，一个整型变量的存储空间为 4 个字节，故此数组的空间大小为 4×15=60 字节。

> **提示**
>
> 数组名是一个地址常量，故不能对数组名进行赋值和运算。

二、一维数组的引用

定义数组之后，就可以通过引用数组元素的方式使用该数组中的元素。一维数组的引用格式为

数组名[下标]

> **提示**
>
> （1）下标可以是常量或常量表达式，也可以是变量或变量表达式。
> （2）引用时，下标值若不是整型，C 系统会自动取整，如 a[5.3]相当于 a[5]。
> （3）下标值从 0 开始。
> （4）下标不能越界，即引用时的下标值必须小于定义时的下标值。

【例 6-1-1】 某比赛节目中有 10 个评委，根据评委的评分情况，去掉一个最高分和一个最低分，其余分数的平均值就是该选手的得分。请编程计算某选手的得分。

【问题分析】 10 个评委的分数需要 10 个变量来存储，故可定义一个包含 10 个元素的一维数组；定义两个变量分别表示最高分和最低分，然后利用循环语句遍历数组中的元素，计算 10 个元素的和并找出最高分和最低分；用 10 个元素的和减去最高分和最低分，再除以 8，即可得到该选手的得分。

【参考程序】

```c
#include <stdio.h>
int main()
{
    int i;
    float a[10],max,min,avg,sum;        /*max 表示最高分,min 表示最低分,avg 表示平均分,sum 表示总分*/
    sum=0;                              /*给 sum 赋值 0*/
    printf("请输入 10 个评委评分:");
    for(i=0;i<10;i++)                   /*输入评委评分*/
        scanf("%f",&a[i]);
    max=min=a[0];                       /*将 a[0]的值赋给 max 和 min*/
    for(i=0;i<10;i++)                   /*遍历数组的每个元素*/
    {
        sum+=a[i];                      /*计算所有评分的和*/
        if(a[i]>max) max=a[i];          /*如果 a[i]>max,将 a[i]赋给 max*/
        if(a[i]<min) min=a[i];          /*如果 a[i]<min,将 a[i]赋给 min*/
    }
    avg=(sum-max-min)/8;                /*求减去最高分和最低分后的平均分*/
    printf("去掉一个最高分:%.0f\n",max); /*输出最高分*/
```

```
        printf("去掉一个最低分:%.0f\n",min);      /*输出最低分*/
        printf("该选手的得分为:%.2f\n",avg);      /*输出该选手的得分*/
        return 0;
   }
```

【运行结果】 通过键盘输入 77 78 79 87 88 98 99 95 94 90↙，程序运行结果如图 6-1-1 所示。

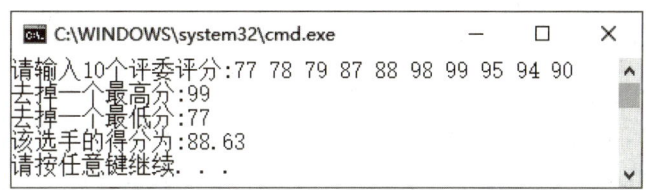

图 6-1-1 例 6-1-1 程序运行结果

【程序说明】 在 C 程序中，只能对数组的元素进行操作，而不能对数组整体进行操作。因此，对数组元素操作时，常常需要用到循环语句。例如，在本例中，使用 for 语句遍历数组中的每个元素。

三、一维数组的初始化

数组的初始化就是在定义数组的同时，给数组元素赋初值。数组初始化是在编译阶段进行的，可减少程序的运行时间，提高程序效率。初始化一维数组的一般形式为

类型说明符 数组名[常量表达式]={数值1,数值2,……,数值n};

其中，在{}中的各数据值即为各元素的初值，各值之间用逗号间隔。例如：

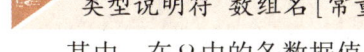

初始化后，a[0]、a[1]、a[2]的值分别为 0、1、2。

在 C 程序中，数组的初始化有以下 4 点规定。

（1）可以只给前面部分元素赋初值。当{}中值的个数少于元素个数时，表示只给前面部分元素赋值，而其余元素自动赋 0 值。例如，"int a[10]={0,1,2,3,4};"就是给前 5 个元素赋初值，而后 5 个元素赋 0 值。

（2）只能给元素逐个赋值，而不能给数组整体赋值。例如，给 5 个元素全部赋 1 值，只能写成"int a[5]={1,1,1,1,1};"，而不能写成"int a[5]=1;"。

（3）如果在定义数组时给全部元素赋值，则在数组定义中可以不给出数组元素的个数，此时数组的个数由值的个数确定。例如，"int a[5]={1,2,3,4,5};"可写为"int a[]={1,2,3,4,5};"，表明数组有 5 个元素。

（4）大括号{}中数值的个数须小于等于数组元素的个数。

【例 6-1-2】 已知某数组中有 9 个元素,且已经升序排列,现在从终端输入第 10 个数,要求将它插入数组,并保持有序。

【问题分析】 这是一类简单的排序问题,已知序列有序,插入元素后仍要保证其有序,就必须找到正确的插入位置。可以从后向前依次比较,若序列中数字大,则后移,直到找到合适的插入位置。

【参考程序】

```c
#include <stdio.h>
int main()
{
    int a[10]={1,5,7,11,15,19,23,28,31};
    int m,i=8;                    /*i中存放最后一个元素的下标*/
    printf("请输入第10个数:");
    scanf("%d",&m);
    while(i>=0&&a[i]>m)   /*i的值大于等于0且a[i]的值大于m时执行循环*/
    {
        a[i+1]=a[i];              /*a[i]后移一位*/
        i--;                      /*i自减1,检测前一个元素*/
    }
    a[i+1]=m;                     /*插入m*/
    for(i=0;i<10;i++)             /*循环输出数组中的所有元素*/
        printf("%3d ",a[i]);
    printf("\n");
    return 0;
}
```

【运行结果】 通过键盘输入 13✓,程序运行结果如图 6-1-2 所示。

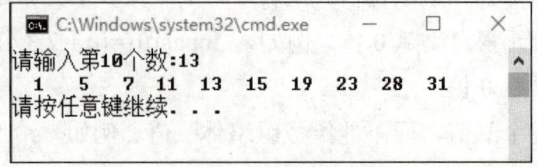

图 6-1-2 例 6-1-2 程序运行结果

任务实施

一、任务分析

使用冒泡法对数据进行排序的思路如下:假如有5个数要按从小到大的顺序排序,首先比较前两个数,将较大的数调到后面;再比较第2个和第3个数,又将较大的数调到后面;经过4次比较和调换,最大的数已经沉到了最底端,较小的数像气泡一样上浮了,这样就完成了一趟排序。接下来再把剩余的4个数以同样的方式进行排序,如图6-1-3所示。

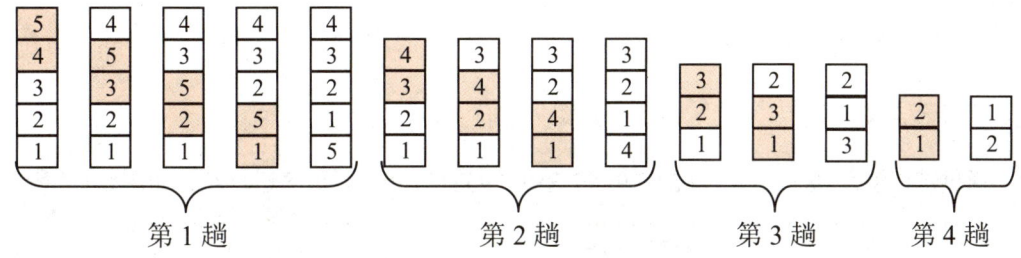

图 6-1-3 使用冒泡法对数据进行排序

由此可知,使用冒泡法对 n 个数进行排序的过程如下。

(1)比较第1个数与第2个数,若a[0]>a[1],则交换,否则不变;然后比较第2个数与第3个数;依此类推,直至比较第 $n-1$ 个数和第 n 个数。第一趟冒泡排序后,最大的数被安置在最后一个元素的位置上。

(2)对前 $n-1$ 个数进行第2趟冒泡排序,使次大的数被安置在第 $n-1$ 个元素的位置上。

(3)重复上述过程,共经过 $n-1$ 趟冒泡排序后,排序结束。

二、参考程序

```c
#include <stdio.h>
int main()
{
    int i,j;
    float t,a[10];
    printf("请输入学生成绩:\n");
    for(i=0;i<10;i++)            /*依次输入10个数*/
        scanf("%f",&a[i]);
    for(j=0;j<9;j++)             /*10个数要进行9趟排序*/
        for(i=0;i<9-j;i++)       /*每趟排序时,冒泡次数为9-j*/
            if(a[i]>a[i+1])      /*若前项大于后项,则交换*/
```

```
            {
                t=a[i];
                a[i]=a[i+1];
                a[i+1]=t;
            }
    printf("\n 排序结果:\n");
    for(i=0;i<10;i++)              /*循环输出排序后的结果*/
        printf("%6.1f",a[i]);
    printf("\n");
    return 0;
}
```

三、运行结果

通过键盘输入 98 98.5 99 97.5 97 98 92.5 91.5 96 90.5 89↙，程序运行结果如图 6-1-4 所示。

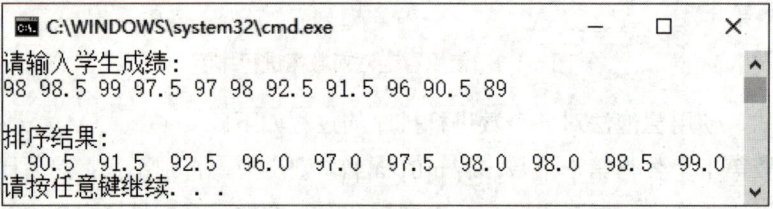

图 6-1-4　学生成绩排序程序运行结果

任务实训

一、实训目的

（1）掌握一维数组的定义、引用和初始化方法。
（2）掌握一维数组的输入和输出操作。

二、实训内容

1. 阅读程序

（1）以下程序的运行结果是_____。

```
#include <stdio.h>
int main()
{
    int i,a[10];
```

```
    for(i=0;i<=9;i++)
        a[i]=i;
    for(i=9;i>=0;i--)
        printf("%d ",a[i]);
}
```

(2) 以下程序的运行结果是_____。

```
#include <stdio.h>
int main()
{
    int i,a[10]={90,78,67,98,34,56,75,80,50,92};
    int max=a[0];
    for(i=1;i<10;i++)
    {
        if(max<a[i])
            max=a[i];
    }
    printf(" %d ",max);
    return 0;
}
```

2. 程序改错

以下程序用于输出数组中的元素。请找出错误并修改验证，然后将修改后的程序填入表 6-1-3 中。

▶ 表 6-1-3　实训过程 1

原程序	修改后的程序

`#include <stdio.h>`
`int main()`
`{`
`    int a[5]={1,2,3,4,5};`
`    int i;`
`    for(i=1;i<=5;i++)`
`        printf("%d\t",a[i]);`
`    return 0;`
`}`	

3. 程序填空

（1）以下程序用于给数组中的元素赋值后输出。请将正确答案填在下面的横线上。

```c
#include <stdio.h>
int main()
{
    int a[10],i=0;
    while(i<10)
        scanf("%d", _____);
    for(i=0;i<10;i++)
        printf("%4d",a[i]);
    return 0;
}
```

（2）以下程序用于实现读入 20 个整数，统计负数个数并计算所有负数之和。请将正确答案填在以下的横线上。

```c
#include <stdio.h>
int main()
{
    int i,a[20],s,count;
    _____①_____
    for(i=0;i<20;i++ )
        scanf("%d",&a[i]);
    for(____②____)
    {
        if(a[i]>=0)        /*若a[i]为非负数，检测下一个元素*/
            continue;
        s+=a[i];           /*若a[i]为负数，求和*/
        _____③_____
    }
    printf("s=%d\t count=%d\n",s,count);
    return 0;
}
```

4. 程序设计

（1）输入一个十进制数，将其变换为二进制数后储存在一个数组中并输出。请将实训过程填入表 6-1-4 中。

项目六　数组——处理同类型数据的最好方法

▶ 表 6-1-4　实训过程 2

程序代码	遇到的问题及解决办法

（2）使用一维数组求斐波那契（Fibonacci）数列的前 20 项，要求输出时每行打印 5 个数。请将实训过程填入表 6-1-5 中。

 提示

斐波那契数列的规律为 f[0]=1；f[1]=1；当 $n \geq 2$ 时，f[n]=f[n−2]+f[n−1]。

▶ 表 6-1-5　实训过程 3

程序代码	遇到的问题及解决办法

155

班级_____   姓名_____   学号_____

任务二 统计某地区的降水信息

任务工单

一、任务描述

在实际应用中,很多数据是二维的,具有行和列的特点,如连锁店各分店销售信息等。对于此问题,一种解决方法是定义多个一维数组,另一种解决方法就是使用二维数组。

本任务将带领大家学习二维数组的使用方法,并在此基础上编程实现统计某地区的年降水量、月平均降水量和月最大降水量。某地区近几年的降水信息如表 6-2-1 所示。

▶ 表 6-2-1 某地区近几年的降水信息 (单位:mm)

月 年	1	2	3	4	5	6	7	8	9	10	11	12
2020	0.4	11.2	7.7	34.5	35.0	42.2	107.4	82.6	87.2	19.0	29.6	1.8
2021	0.1	8.1	0	5.5	24.0	72.9	344.3	76.9	59.0	70.1	8.2	0
2022	0.2	5.4	12.5	0	31.2	119.5	97.4	233.9	2.8	73.3	0	0
2023	0	0	4.1	47.5	9.3	35.4	309.1	109.6	25.4	4.4	1.6	0.2
2024	0	2.0	2.5	39.4	58.5	9.4	86.8	63.9	90.9	22.9	21.3	5.7

二、分组讨论

全班学生以 3~5 人为一组进行分组,各组选出组长。请组长组织组员查找相关资料,并预习知识链接,完成下列问题。

问题 1:以下数组定义语句中,正确的是(   )。

A. int a[][]={1,2,3,4,5,6};
B. char a[2][3]='a','b';
C. int a[][3]={1,2,3,4,5,6};
D. int a[][]={{1,2,3},{4,5,6}};

问题 2:列举能用到二维数组的场合。

班级_____   姓名_____   学号_____

三、实践操作

使用 Visual C++ 2010，编程实现统计年降水量、月平均降水量及月最大降水量。请将实践过程中遇到的问题和解决办法记录在表 6-2-2 中。

▶ 表 6-2-2　实践操作过程

序号	主要问题	解决办法
1		
2		
3		

四、任务评价

请各组选出一名代表展示实践操作的成果，并配合老师完成任务评价，将评价结果填入表 6-2-3 中。

▶ 表 6-2-3　任务评价

评价项目	评价内容	评价分数			
		分值	自评	互评	师评
职业素养考核项目（30%）	考勤、仪容仪表	10 分			
	安全意识、责任意识	10 分			
	团队合作与交流	10 分			
专业能力考核项目（70%）	积极参与教学活动	5 分			
	正确理解任务要求	5 分			
	认真查找任务所需资料并参与讨论	15 分			
	实践操作过程记录表的完成度	15 分			
	是否熟练掌握二维数组的使用方法	15 分			
	程序运行结果是否正确	15 分			
综合评分_____　自评（20%）+互评（20%）+师评（60%）		100 分			
综合评语		教师（签字）：			

项目六 数组——处理同类型数据的最好方法

知识链接

一、二维数组的定义

二维数组的定义与一维数组相似，其一般形式为

```
类型说明符 数组名[常量表达式1][常量表达式2];
```

其中，常量表达式1表示行数，常量表达式2表示列数；数组元素个数为常量表达式1×常量表达式2；下标值从0开始。例如：

```
int x[3][3];
```

其中，x 为二维数组名；共有 9 个数组元素（3×3=9），分别是 x[0][0]、x[0][1]、x[0][2]、x[1][0]、x[1][1]、x[1][2]、x[2][0]、x[2][1]、x[2][2]，元素的数据类型为整型。

二维数组在概念上是二维的，但在存储器中是按一维线性排列的。在 C 程序中，二维数组是按行排列的。例如，二维数组 x[3][3]，先放第 1 行，即 x[0][0]、x[0][1]、x[0][2]；再放第 2 行，即 x[1][0]、x[1][1]、x[1][2]；最后放第 3 行，即 x[2][0]、x[2][1]、x[2][2]，如图 6-2-1 所示。

| x[0][0] |
| x[0][1] |
| x[0][2] |
| x[1][0] |
| x[1][1] |
| x[1][2] |
| x[2][0] |
| x[2][1] |
| x[2][2] |

图 6-2-1 二维数组的存储方式

二、二维数组的引用

同一维数组一样，二维数组也要先定义后引用，其引用格式为

```
数组名[行下标][列下标]
```

例如，a[2][3]表示数组 a 第 3 行第 4 列的元素。

【例 6-2-1】 输入一个 2 行 3 列的矩阵，输出该矩阵的转置矩阵（即将一个二维数组行和列的元素互换）。

【问题分析】 二维数组元素的地址同样可以通过"&"运算得到。二维数组元素的输

入一般需要使用双重循环，可以按行输入，即先输入第 1 行的全部元素，再输入第 2 行；也可以按列输入，即先输入第 1 列的全部元素，再输入第 2 列，这里采用按行输入的方式。

【参考程序】

```c
#include <stdio.h>
int main()
{
    int i,j,a[2][3],b[3][2];         /*定义二维数组 b[3][2]，存放a[2][3]的转置结果*/
    printf("请输入一个 2*3 的行列式:\n");
    for(i=0;i<2;i++)                 /*外循环，输入每行的值*/
        for(j=0;j<3;j++)             /*内循环，输入每列的值*/
            scanf("%d",&a[i][j]);    /*从键盘输入矩阵的值*/
    printf("原矩阵:\n");
    for(i=0;i<2;i++)
    {
        for(j=0;j<3;j++)
            printf("%5d",a[i][j]);   /*输出原矩阵的值*/
        printf("\n");
    }
    for(i=0;i<2;i++)                 /*外循环*/
        for(j=0;j<3;j++)             /*内循环*/
            b[j][i]=a[i][j];         /*交换行和列*/
    printf("转置后的矩阵:\n");
    for(i=0;i<3;i++)                 /*外循环，按行输出*/
    {
        for(j=0;j<2;j++)             /*内循环，输出一行中的所有列*/
            printf("%5d",b[i][j]);
        printf("\n");
    }
    return 0;
}
```

【运行结果】 通过键盘输入 123456↵，程序运行结果如图 6-2-2 所示。

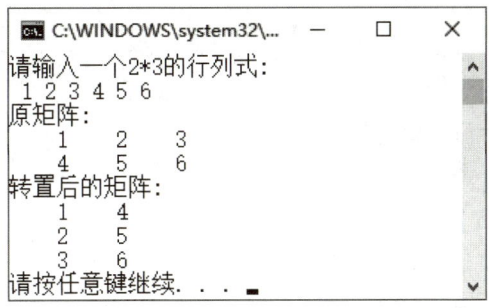

图 6-2-2　例 6-2-1 程序运行结果

三、二维数组的初始化

二维数组的初始化有以下两种方法。

（1）将初始化值括在一对大括号内。例如：

```
int x[2][3]={1,2,3,4,5,6};
```

初始化后，x[0][0]、x[0][1]、x[0][2]、x[1][0]、x[1][1]、x[1][2]的值分别为 1、2、3、4、5、6。

（2）将二维数组看成是一种特殊的一维数组，该数组的每个元素又是一个一维数组。例如，定义一个二维数组 x[2][3]，可以把数组 x 看成是包含两个元素的一维数组，其元素是 x[0]和 x[1]，而 x[0]和 x[1]又是包含 3 个元素的一维数组，如图 6-2-3 所示。

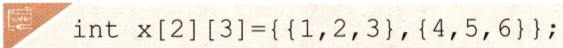

图 6-2-3　数组 x 中的元素

因此，二维数组的初始化也可以分解成多个一维数组的初始化，即

```
int x[2][3]={{1,2,3},{4,5,6}};
```

【例 6-2-2】　一个学习小组有 5 个人，每个人的任务评价表都由自评（20%）、互评（20%）和师评（60%）3 部分组成，如表 6-2-4 所示。求每个学生的分数和该学习小组的平均分。

▶ 表 6-2-4　学生任务评价表

姓名	自评	互评	师评
刘晓×	90	93	89
艾琳×	92	95	95
魏巍×	85	78	80
林晨×	78	82	80
韩阳×	81	83	86

【参考程序】

```c
#include <stdio.h>
int main()
{
    int i;
    float score[5],avg=0,sum=0;
    float a[5][3]={{90,93,89},{92,95,95},{85,78,80},
{78,82,80},{81,83,86}};                    /*二维数组初始化*/
    for(i=0;i<5;i++)
        score[i]=a[i][0]*0.2+a[i][1]*0.2+a[i][2]*0.6;
                                            /*计算每个学生的分数*/
    printf("刘晓×:%.1f\n艾琳×:%.1f\n魏巍×:%.1f\n林晨×:%.1f\n韩阳×:%.0f\n",score[0],score[1],score[2],score[3],score[4]);
    for(i=0;i<5;i++)                        /*计算总分数*/
        sum+=score[i];
    avg=sum/5.0;                            /*计算平均分*/
    printf("该组的平均分：%.1f\n",avg);
    return 0;
}
```

【运行结果】　程序运行结果如图 6-2-4 所示。

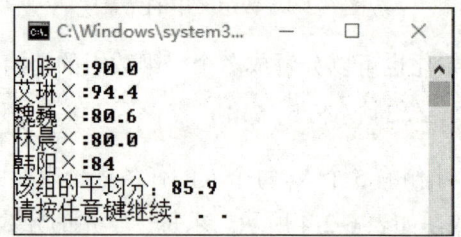

图 6-2-4　例 6-2-2 程序运行结果

一、任务分析

由表 6-2-1 可知，降水信息用一个二维表表示，其中，行数据为年降水量，列数据为月降水量。因此，可定义一个二维数组 rain[5][12]，用来存放降水量数据。用循环语句统计年降水量、月平均降水量和月最大降水量。

二、参考程序

```c
#include <stdio.h>
#define MONTHS 12                    /*一年为12个月*/
#define YEARS  5                     /*统计年数为5年*/
int main()
{
    int year,month;
    float Rain,max=0;
    /*初始化2020年至2024年的降水信息*/
    float rain[5][12]=
{{0.4,11.2,7.7,34.5,35.0,42.2,107.4,82.6,87.2,19.0,29.6,1.8},
{0.1,8.1,0,5.5,24.0,72.9,344.3,76.9,59.0,70.1,8.2,0},
{0.2,5.4,12.5,0,31.2,119.5,97.4,233.9,2.8,73.3,0,0},
{0,0,4.1,47.5,9.3,35.4,309.1,109.6,25.4,4.4,1.6,0.2},
{0,2.0,2.5,39.4,58.5,9.4,86.8,63.9,90.9,22.9,21.3,5.7}};
    /*统计年降水量*/
    printf("年降水量:\n");
    printf("年份           雨量 (mm)\n");
    for(year=0;year<YEARS;year++)       /*外循环,统计年降水量*/
    {
        for(month=0,Rain=0;month<MONTHS;month++)    /*内循环*/
            Rain+=rain[year][month];    /*统计年降水量*/
        printf("%5d年 %15.1f\n",2020+year,Rain);
    }
    /*统计月平均降水量*/
    printf("\n月平均降水量 (mm) :\n");
    printf("一月   二月   三月   四月   五月   六月   七月   八月   九月   十月   十一月   十二月\n");
    for(month=0;month<MONTHS;month++)   /*外循环,统计月降水量*/
    {
        for(year=0,Rain=0;year<YEARS;year++)/*内循环*/
            Rain+=rain[year][month];    /*统计某月每年降水量的和*/
```

```
            printf("%-7.2f", Rain/YEARS);/*输出月平均降水量*/
        }
        printf("\n");
        /*统计月最大降水量*/
        for(year=0;year<YEARS;year++)
        {
            for(month=0;month<MONTHS;month++)
            {
                /*判断月最大降水量*/
                if(rain[year][month]>max)
                    max=rain[year][month];
            }
        }
        printf("\n2020年至2024年的月最大降水量：%.1fmm\n",max);
        return 0;
    }
```

三、运行结果

程序运行结果如图6-2-5所示。

```
C:\Windows\system32\cmd.exe
年降水量：
年份        雨量（mm）
2020年       458.6
2021年       669.1
2022年       576.2
2023年       546.6
2024年       403.3

月平均降水量（mm）：
一月    二月    三月    四月    五月    六月    七月    八月    九月    十月    十一月   十二月
0.14    5.34    5.36    25.38   31.60   55.88   189.00  113.38  53.06   37.94   12.14    1.54

2020年至2024年的月最大降水量：344.3mm
请按任意键继续...
```

图6-2-5　统计某地区降水信息程序运行结果

和谐共生

在农业领域，降水量关乎农业发展和粮食安全。降水量的大小，也关系到自然植被的分布和农业经营方式及农作物的区域配置。另外，降水量统计，特别是最大降水量统计，在建筑设计、城市规划、防灾救灾等领域有着重要的指导意义。

任务实训

一、实训目的

（1）掌握二维数组的定义、引用和初始化方法。
（2）掌握二维数组的输入和输出方法。

二、实训内容

1. 阅读程序

（1）以下程序的运行结果是_____。

```c
#include <stdio.h>
int main()
{
    int i;
    int x[3][3]={1,2,3,4,5,6,7,8,9};
    for(i=0;i<3;i++)
        printf("%3d",x[i][2-i]);
    return 0;
}
```

（2）以下程序的运行结果是_____。

```c
#include <stdio.h>
int main()
{
    int i,j,x=0;
    int a[3][3];
    for(i=0;i<3;i++)
    {
        for(j=0;j<3;j++)
        {
            a[i][j]=2*i+j;
            printf("%3d",a[i][j]);
        }
        printf("\n");
```

        }
        return 0;
}

2. 程序填空

以下程序用于打印杨辉三角形（打印10行），运行结果如图6-2-6所示。请将正确答案填在下面的横线上。

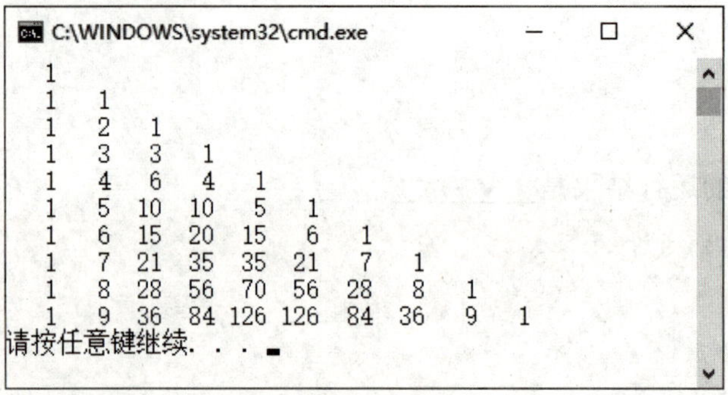

图 6-2-6 杨辉三角形

> **提示**
>
> 在杨辉三角形中，第 i 行的第 1 列和第 i 列的数字为 1，其他列中的数字等于上一行的前一列和本列两个数字之和。

```
#include <stdio.h>
int main()
{
    int a[10][10],i,j;
    for(i=0;i<10;i++)
    {
        ____①____;
        ____②____;
    }
    for(i=1;i<10;i++)
        for(j=1;j<i;j++)
            a[i][j]=____③____;
    for(i=0;i<10;i++)
```

```
        {
            for(j=0;j<=i;j++)
                printf("%4d",a[i][j]);
            printf("\n");
        }
        return 0;
    }
```

大师巨匠

杨辉，字谦光，汉族，钱塘（今浙江杭州）人，南宋杰出的数学家。曾担任过南宋地方行政官员，为政清廉，足迹遍及苏杭一带。他在乘除捷算法、垛积术、纵横图和数学教育等方面，做出了重大的贡献。在所著的《详解九章算术》（1261 年）一书中，用三角形解释二项和的乘方规律，比西方早了近 400 年。

杨辉也是世界上第一个排出丰富的纵横图和讨论其构成规律的数学家，曾论证过弧矢公式（即"辉术"）。杨辉与秦九韶、李冶、朱世杰并称"宋元数学四大家"。

3. 程序设计

（1）求两个 3×4 矩阵的和。请将实训过程填入表 6-2-5 中。

▶ 表 6-2-5　实训过程 1

程序代码	遇到的问题及解决办法

（2）输入某年某月某日，求这个日期是本年的第几天。请将实训过程填入表 6-2-6 中。

提示

首先判断所输入的年份是否是闰年，平年 2 月是 28 天，闰年 2 月是 29 天。该年的第几天=该年该月之前的各月份天数和+输入的天数。

▶ 表 6-2-6　实训过程 2

程序代码	遇到的问题及解决办法

班级_____ 姓名_____ 学号_____

任务三 判断是否为回文对联

 任务工单

一、任务描述

当数组中存放的数据为字符型时,即为字符数组,字符数组常用来存储字符串。本任务将带领大家学习字符数组和字符串的使用方法,并在此基础上编程判断对联"客上天然居,居然天上客"是否为回文对联。

二、分组讨论

全班学生以3~5人为一组进行分组,各组选出组长。请组长组织组员查找相关资料,并预习知识链接,完成下列问题。

问题1:什么是回文?请分享你喜欢的一副回文对联或一首回文诗。

问题2:列举常用的字符串处理函数。

问题3:已知"char a[15],b[15]={"I love China"};",则在程序中能将字符串"I love China"赋给数组 a 的语句是（   ）。

    A．a="I love China";   B．strcpy(b,a);
    C．a=b;   D．strcpy(a,b)

班级_____   姓名_____   学号_____

三、实践操作

使用 Visual C++ 2010 编程实现,输入一副对联,判断该对联是否为回文对联。请将实践过程中遇到的问题和解决办法记录在表 6-3-1 中。

▶ 表 6-3-1 实践操作过程

序号	主要问题	解决办法
1		
2		
3		

四、任务评价

请各组选出一名代表展示实践操作的成果,并配合老师完成任务评价,将评价结果填入表 6-3-2 中。

▶ 表 6-3-2 任务评价

评价项目	评价内容	评价分数			
		分值	自评	互评	师评
职业素养考核项目（30%）	考勤、仪容仪表	10 分			
	安全意识、责任意识	10 分			
	团队合作与交流	10 分			
专业能力考核项目（70%）	积极参与教学活动	5 分			
	正确理解任务要求	5 分			
	认真查找任务所需资料并参与讨论	15 分			
	实践操作过程记录表的完成度	15 分			
	是否掌握字符数组和字符串的使用方法	15 分			
	程序运行结果是否正确	15 分			
综合评分_____ 自评（20%）+互评（20%）+师评（60%）		100 分			
综合评语		教师（签字）：			

项目六　数组——处理同类型数据的最好方法

■知识链接■

一、字符数组的定义和引用

定义字符数组的方法与定义数值型数组的方法类似，只是字符数组的数据类型为 char 型。例如：

```
char a[5];                /*定义一维字符数组a*/
char b[3][4];             /*定义二维字符数组b*/
```

字符数组与数值型数组的引用方式一样，可使用下标的形式。例如，为上面定义的数组 a 和数组 b 中的第 1 个元素赋值，方式如下：

```
a[0]='H';
b[0][0]='a';
```

二、字符数组的初始化

字符数组同样允许在定义时进行赋值，即字符数组初始化。例如：

```
char a[5]={'H','e','l','l','o'};
```

初始化后各元素的值为 a[0]='H'、a[1]='e'、a[2]='l'、a[3]='l'、a[4]='o'。

字符数组初始化时，如果字符数组提供的数据个数少于数组元素个数，则多余的数组元素初始化为空字符'\0'。例如：

```
char b[9]={'G','o','o','d'};
```

初始化后各元素的值为 b[0]='G'、b[1]='o'、b[2]='o'、b[3]='d'、b[4]~b[8]的值均为'\0'。

三、字符串

在 C 程序中，没有专门的字符串变量，而是用字符数组来存放字符串。在引用或处理字符串前，须首先定义和初始化字符串。

字符串初始化有两种方法，一种是用字符常量初始化数组，另一种是用字符串常量初始化数组。例如：

```
char string1[6]={'C','h','i','n','a'};   /*用字符常量初始化数组*/
char string2[6]={"China"};               /*用字符串常量初始化数组*/
char string3[6]="China";                 /*"{}"可省略*/
```

高手点拨

字符数组初始化时应注意以下两个问题。

（1）用字符串常量初始化时，字符数组的下标可以省略，此时数组元素的个数由赋值的字符串长度决定。例如，"char str[]="1a2b3c";"等价于"char str[7]="1a2b3c";"。

（2）初始化时，若字符个数与数组长度相同，则字符末尾不加'\0'，此时字符数组不能作为字符串处理。例如，"char str[5]={'C','h','i','n','a'};"中，str[5]不能作为字符串处理。

1．字符串输入输出函数

字符串输入输出函数包括字符串输入函数 gets()和字符串输出函数 puts()，其调用格式和功能如表 6-3-3 所示。

▶ 表 6-3-3　字符串输入输出函数的调用格式和功能

函数调用格式	功能	举例
gets(字符串名)	字符串输入	gets(a);/*a 为已定义的字符串*/
puts(字符串名)	字符串输出	puts(a);/*a 为已定义的字符串*/

2．字符串处理函数

常见的字符串处理函数包括检测字符串长度函数 strlen()、字符串连接函数 strcat()、字符串拷贝函数 strcpy()、小写字母转换函数 strlwr()、大写字母转换函数 strupr()和字符串比较函数 strcmp()等，其调用格式和功能如表 6-3-4 所示。

字符数组应用举例

▶ 表 6-3-4　字符串处理函数的调用格式和功能

调用格式	功能	举例
strlen(字符串)	检测字符串的实际长度	k=strlen(s);/*检测字符串 s 的长度并将长度值赋给 k*/
strcat(字符串 1,字符串 2)	将字符串 2 连接到字符串 1 的后面	strcat(str1,str2); /*将 str2 连接到 str1 之后*/
strcpy(字符串 1,字符串 2)	将字符串 2 复制给字符串 1	strcpy(str1,str2); /*将 str2 复制给 str1*/
strlwr(字符串)	将字符串中的字母转换成小写字母	strlwr(s);/*将字符串 s 中所有大写字母转换成小写字母*/

▶ 表 6-3-4（续）

调用格式	功能	举例
strupr(字符串)	将字符串中的字母转换成大写字母	strupr(s);/*将字符串 s 中所有小写字母转换成大写字母*/
strcmp(字符串 1, 字符串 2)	将两个字符串从左至右逐个比较字符 ASCII 码的大小	k=strcmp(str1,str2);/*比较 str1 和 str2 的大小，并将比较结果赋给 k*/

提示

使用字符串处理函数时，应注意以下 4 点。
（1）使用 strlen()函数时，检测到的字符串长度不含字符串结束标志'\0'。
（2）使用 strcat(字符串 1,字符串 2)函数时，会先删去字符串 1 后的结束标志'\0'，再连接字符串。
（3）使用 strcpy(字符串 1,字符串 2)函数时，字符串 1 的长度应大于字符串 2 的长度，否则会产生溢出错误。
（4）使用 strcmp(字符串 1,字符串 2)函数时，如果字符串 1 等于字符串 2，则结果为 0；如果字符串 1 大于字符串 2，则结果为一个正整数；如果字符串 1 小于字符串 2，则结果为一个负整数。

任务实施

一、任务分析

回文，指的是将词汇或句子，在下文中调换位置或颠倒过来，产生首尾回环的情况。在回文对联中，对联正着读和倒着读内容是一样的，即若对联的字符个数为 k，则第 i 个字符和倒数第 i 个字符相同。故在本任务中，要判断字符串是否是回文对联，就要利用循环语句判断第 i 个字符和倒数第 i 个字符是否相同，若相同，则该对联是回文对联。

二、参考程序

```
#include <stdio.h>
#include <string.h>
int main()
{
    char s[100]="客上天然居,居然天上客";        /*字符串初始化*/
```

```
    int i, j, n;
    n=strlen(s);                             /*检测字符串长度*/
    for(i=0,j=n;i<j;i+=2,j-=2)  /*循环变量i每次加2，j每次减2*/
        if(s[i]!=s[j-2])  /*判断第i个字符和倒数第i个字符是否相同*/
            break;                  /*若不相同，退出循环*/
    if(i>=j)                      /*若符合回文要求，输出是回文对联*/
        printf(" "%s"是回文对联\n",s);
    else
        printf(" "%s"不是回文对联\n",s);    /*输出不是回文对联*/
    return 0;
}
```

三、运行结果

程序运行结果如图6-3-1所示。

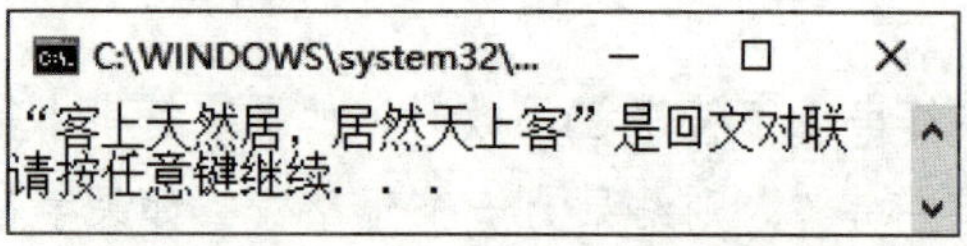

图 6-3-1　判断是否为回文对联程序运行结果

提示

每个汉字所占长度为2个字符，故循环变量每次的变化量为2。

诗词之美

回文联是对联的一种形式。用回文形式写成的对联，既可顺读，也可倒读。它的意思不变，且颇具趣味，是我国的重要文化之一。例如，厦门鼓浪屿鱼脯浦，因地处海中，岛上山峦叠峰，烟雾缭绕，海淼淼水茫茫，远接云天。于是，一副饶有趣味的回文联便应运而生：

雾锁山头山锁雾

天连水尾水连天

任务实训

一、实训目的

（1）理解字符数组与字符串的关系。
（2）掌握字符串的基本操作方法。
（3）掌握字符串处理函数的使用方法。

二、实训内容

1. 阅读程序

（1）以下程序的运行结果是_____。

```c
#include <stdio.h>
#include <string.h>
int main()
{
    int i;
    char str1[6]="China";
    char str2[6],str3[7];
    for(i=0;i<6;i++)
        str2[i]=str1[i];
    strcpy(str3,str1);
    printf("%s\n%s\n",str2,str3);
    return 0;
}
```

（2）运行程序时，输入字符串"Lucy"，则以下程序的运行结果是_____。

```c
#include <stdio.h>
#include <string.h>
int main()
{
    char str1[30]="My name is ";
    char str2[10];
    printf("input your name:\n");
    gets(str2);
```

```
    strcat(str1,str2);
    puts(str1);
    return 0;
}
```

2. 程序填空

在奥运会开幕式和闭幕式中,各国按照字母顺序出场,以下程序实现将两个国家按照字母顺序进行排序。请将正确答案填在下面的横线上。

```
#include <stdio.h>
#include <string.h>
int main()
{
    int k;
    char str1[15],str2[15],str3[15];
    printf("请输入第一个国家名:");
    gets(str1);
    printf("请输入第二个国家名:");
    gets(str2);
    k=strcmp(str1,str2);
    if(k>0)
    {
        _____①_____;
        _____②_____;
        _____③_____;
    }
    printf("%s,%s\n",str1,str2);
    return 0;
}
```

3. 程序设计

编写程序实现,对键盘输入的两个字符串进行比较,然后输出两个字符串中第一个不同字符的 ASCII 码之差。例如,输入的两个字符串分别为"abcdefg"和"abcfgf",则输出为"-2"(即"d"和"f"的 ASCII 码之差)。请将实训过程填入表 6-3-5 中。

▶ 表 6-3-5　实训过程

程序代码	遇到的问题及解决办法

项目考核

一、选择题

（1）以下关于数组的描述中，正确的是（　　）。
　　A．数组的大小是可变的，但所有数组元素的类型必须相同
　　B．数组的大小是固定的，且所有数组元素的类型必须相同
　　C．数组的大小是固定的，但可以有不同类型的数组元素
　　D．数组的大小是可变的，且可以有不同类型的数组元素

（2）C 程序中，引用数组元素时，其数组下标的数据类型允许是（　　）。
　　A．整型常量或整型表达式　　　　B．整型常量
　　C．整型表达式　　　　　　　　　D．任何类型的表达式

（3）以下初始化中，数值最小的元素和数值最大的元素下标分别是（　　）。

`int a[10]={1,2,3,4,5,6,7,8,9,10};`

　　A．1，10　　　　B．0，9　　　　C．1，9　　　　D．0，10

（4）定义数组"int a[4]={2,3,5,9};"，其中 a[2]的值为（　　）。
　　A．2　　　　　　B．3　　　　　　C．5　　　　　　D．9

（5）关于以下程序（每行程序前面的数字表示行号）的说法中，正确的是（　　）。

```
1  #include <stdio.h>
2  int main()
3  {
4      int a[3]={0};
5      int i;
6      for(i=0;i<3;i++)   scanf("%d",&a[i]);
```

```
7       for(i=1;i<4;i++)  a[0]+=a[i];
8       printf("%d",a[0]);
9       return 0;
10 }
```

  A．没有错误   B．第 5 行有错误

  C．第 6 行有错误   D．第 7 行有错误

（6）若有二维数组 a[m][n]，另外，存在自然数 i 和 j，且 i<m，j<n，则数组中 a[i][j] 之前的元素个数为（　　）。

  A．i*n+j   B．j*m+i

  C．i*n+j+1   D．i*m+j+1

（7）有字符数组 a[80] 和 b[80]，则正确的输出语句是（　　）。

  A．puts(a,b);   B．printf("%s,%s",a[],b[]);

  C．putchar(a,b);   D．puts(a),puts(b);

（8）有以下定义和语句：

```
char s[10]="10\\\n";
printf("%d",strlen(s));
```

则输出结果是（　　）。

  A．6   B．5   C．3   D．4

二、编程题

（1）编写程序实现，将 1～100 存放在数组中，求 100 之内的素数并输出。

（2）一个学习小组有 6 个人，每个人有 3 门课（数学、语文和英语）的考试成绩，如表 6-4-1 所示。求每门课的平均分和每个人的平均分。

▶ 表 6-4-1　学生成绩表

姓名 课程	肖笑×	李莉×	吴欣×	张雅×	赵宇×	张靓×
数学	78	92	86	85	95	86
语文	79	93	95	80	100	98
英语	80	91	93	75	97	90

（3）输入 10 个国家的名称，将其按字母顺序输出。

项目七

函数——实现程序模块化设计的好帮手

项目导读

到目前为止，编写的程序都只是由一个主函数构成的。但是，如果程序的规模比较大 main，再将所有的代码都写在一个主函数中，就会使主函数变得十分庞杂，不易于阅读和维护。此时可利用函数将程序划分成多个模块，这样不仅可以方便阅读和维护程序，还可以提高代码的复用率。函数是实现程序模块化设计的好帮手。

知识目标

- 理解函数的概念。
- 掌握函数的定义和调用方法。
- 掌握数组作为函数参数的使用方法。
- 掌握函数嵌套调用和递归调用的使用方法。
- 掌握局部变量和全局变量的区别和典型用法。
- 了解变量的存储类别。

能力目标

- 能利用函数编写程序。
- 逐步建立模块化的程序设计思想。

素质目标

- 通过学习模块化程序设计方法，树立软件开发团队合作意识。
- 通过统计国内生产总值的增长率，增强民族自信心和自豪感。

班级_____ 姓名_____ 学号_____

任务一　显示超速车辆信息

任务工单

一、任务描述

模块化程序设计的基本思想是,将一个较大的程序分为若干个程序模块,每个模块用来实现一个特定的功能。在 C 语言中,用函数来实现模块的功能。本任务将带领大家学习函数的基本概念、定义和调用方法,并编程显示超速车辆信息。具体要求如表 7-1-1 所示。

▶ 表 7-1-1　某高速公路限速规则

编号	车道	车速范围	输出
0	外侧车道	60~80 km/h	车速超过最高速的 120% 输出已严重超速;超速但未超过最高车速的 120% 输出已超速;低于最低车速输出车速过低
1	中间车道	70~90 km/h	
2	内侧车道	80~100 km/h	

二、分组讨论

全班学生以 3~5 人为一组进行分组,各组选出组长。请组长组织组员查找相关资料,并预习知识链接,完成下列问题。

问题 1:函数头 "int main()",其中 int 表示_____。

问题 2:下列函数声明中,正确的是(　　)。

　　　　A. double fun(int x,int y)　　　　B. double fun(int x;int y)
　　　　C. double fun(int x,int y);　　　　D. double fun(int x,y)

问题 3:观看交通事故视频,讨论车辆超速的危害。

问题 4:列举已学过的库函数及其功能。

班级_____   姓名_____   学号_____

三、实践操作

使用 Visual C++ 2010，编程显示超速车辆信息。请将实践过程中遇到的问题和解决办法记录在表 7-1-2 中。

▶ 表 7-1-2　实践操作过程

序号	主要问题	解决办法
1		
2		
3		

四、任务评价

请各组选出一名代表展示实践操作的成果，并配合老师完成任务评价，将评价结果填入表 7-1-3 中。

▶ 表 7-1-3　任务评价

评价项目	评价内容	评价分数			
		分值	自评	互评	师评
职业素养考核项目（30%）	考勤、仪容仪表	10 分			
	安全意识、责任意识	10 分			
	团队合作与交流	10 分			
专业能力考核项目（70%）	积极参与教学活动	5 分			
	正确理解任务要求	5 分			
	认真查找任务所需资料并参与讨论	15 分			
	实践操作过程记录表的完成度	15 分			
	是否掌握函数的定义和调用方法	15 分			
	程序运行结果是否正确	15 分			
综合评分_____　自评（20%）+互评（20%）+师评（60%）		100 分			
综合评语		教师（签字）：			

项目七　函数——实现程序模块化设计的好帮手

知识链接

一、函数的基本概念

一个 C 程序通常由一个主函数和若干个其他函数构成。主函数调用其他函数，其他函数可以相互调用。

从用户使用的角度看，函数可分为库函数和用户自定义函数两大类。库函数是由系统提供的，用户不必自己定义就可以直接使用，使用时须在程序的开头包含该函数所在的头文件。例如，调用 printf() 函数时，须用 "#include <stdio.h>" 包含头文件。用户也可以根据需要自己编写函数，用来实现某一特定的功能，这就是用户自定义函数。

常用标准库函数

知识库

（1）一个较大的 C 程序，一般由若干个源程序文件组成。
（2）一个源程序文件可由一个或多个函数组成，可以供多个 C 程序共用。
（3）程序总是从主函数开始执行，调用其他函数后，最终在主函数中结束。
（4）所有函数都是平行的，在定义时相互独立。函数不可以嵌套定义，但可以相互调用。

拓展阅读

不同的 C 语言编译系统提供的库函数的数量和功能会有一些不同，不过大多数基本函数都是相同的。几乎所有编译系统都提供输入输出函数、数学函数、字符和字符串函数等。

二、函数的定义

用户自定义函数的一般形式为

```
类型说明符 函数名(形式参数列表)        /*函数头*/
{
    函数体
}
```

函数的定义

（1）函数的第一行称为函数头，包括类型说明符、函数名、形式参数列表等信息。类型说明符用来表明函数执行后是否有返回值，是什么类型的返回值；函数名是用户为函数

183

起的名字,用来唯一标识一个函数;形式参数(简称"形参")列表包括参数的名字和类型,用来表明该函数要接收的参数信息,可以有零个或多个形参。

(2)大括号括起来的部分称为函数体,用来实现函数的功能。函数体一般包括说明语句和可执行语句,函数体用"{"和"}"作为定界符;对于有返回值的函数,函数体中还应包括 return 语句。

例如,以下程序用于自定义 max()函数,其功能为找出两个整数的较大值。

```
int max(int a,int b)
{
    int c;
    c=a>b?a:b;
    return (c);
}
```

其中,类型说明符为 int 型,表示函数的返回值为整型数据;a 和 b 为形参,用于接收主调函数(调用该函数的函数)的实际参数(简称"实参"),两个参数之间用逗号分隔;函数体中计算出较大值后用"return (c);"语句将 c 的值作为函数值返回到主调函数中。

三、函数的调用

1. 函数的调用形式

定义函数的目的是为了调用此函数,以得到预期的结果。函数调用的一般形式为

函数的调用

函数名(实际参数列表)

调用函数时,应注意以下 3 点。

(1)若被调函数中无形参,则可以没有实参,但括号不能省略。

(2)若被调函数中有形参,则在括号内必须有实参;当有多个实参时,参数之间用逗号隔开。实参的类型及个数必须与形参相同,并且顺序一致。

(3)实参可以是常量、有确定值的变量或表达式及函数调用。

2. 函数的声明

若函数的定义在调用之前,可以省略函数声明,否则,必须事先声明该函数的返回值和参数类型。函数声明的一般形式为

类型说明符 函数名(形式参数列表);

函数声明实际上就是函数定义时的函数头加分号构成一条声明语句。函数声明与函数头的区别是,函数声明的形参表中可以只写类型名。例如,以下两种写法都是正确的。

```
float average(float x,float y);
float average(float,float);
```

【例7-1-1】 编写函数,输出超市购物小票的票头,如图7-1-1所示。

```
某某超市欢迎您
******************************
```

图7-1-1 超市购物小票的票头

【问题分析】 在票头上有两行信息,第一行为欢迎词,可自定义函数 print_welcome()实现欢迎词的输出;第二行为一定数量的"*"号,可自定义函数 print_star()实现"*"号的输出;然后定义主函数调用这两个函数。

【参考程序】

```c
#include <stdio.h>
int main()                    /*定义主函数*/
{
    void print_welcome();     /*声明print_welcome()函数*/
    void print_star(int n);   /*声明print_star()函数*/
    print_welcome();          /*调用print_welcome()函数,输出欢迎词*/
    print_star(30);           /*调用print_star()函数,输出30个"*"*/
    printf("\n");
    return 0;
}
void print_welcome()          /*定义print_welcome()函数*/
{
    printf("\n    某某超市欢迎您    \n");
    printf(" ");
}
void print_star(int n)        /*定义print_star()函数,n为"*"的数量*/
{
    int i;
    for(i=0;i<n;i++)          /*循环输出"*"*/
        putchar('*');
}
```

【运行结果】 程序运行结果如图7-1-2所示。

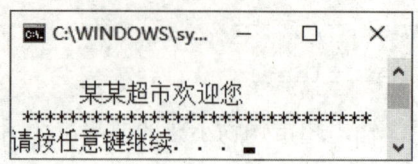

图 7-1-2　例 7-1-1 程序运行结果

【程序说明】　该程序定义的函数都是 void 型，表示函数没有返回值。

> 提示
>
> 以下 4 种情况，可以不在主调函数中声明被调函数。① 被调函数写在主调函数之前；② 函数的返回值是整型或字符型；③ 在所有函数定义之前，在源程序文件的开头，已经对函数进行了声明（推荐使用此种方式）；④ 对库函数的调用。

3. 函数的参数传递

在调用函数过程中，系统会将实参的值传递给被调函数的形参。该值在函数调用期间有效，可以参与该函数的运算。

【例 7-1-2】　编程实现输入两个整数，交换后输出。

【问题分析】　在这里定义一个函数用于交换两个整数，在主函数中调用此函数。

【参考程序】

```
#include <stdio.h>
int swap(int i,int j)        /*定义swap()函数,交换i和j的值*/
{
  int t;
  t=i;i=j;j=t;
  printf("In function i=%d,j=%d\n",i,j);
  return i,j;                /*返回i和j的值*/
}
int main()                   /*定义主函数*/
{
  int i=2,j=3;               /*初始化整型变量i和j*/
  swap(i,j);                 /*调用swap()函数*/
  printf("Out function i=%d,j=%d\n",i,j);
  return 0;                  /*返回0*/
}
```

【运行结果】　运行结果如图 7-1-3 所示。

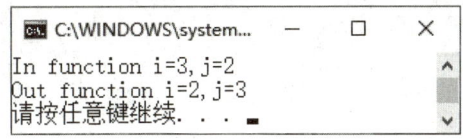

图 7-1-3 例 7-1-2 程序运行结果

【程序说明】　swap()函数的作用是将两个形参 i 和 j 互换，故在函数内部输出 i 和 j 时，两数实现了交换。但在 C 程序中，数值的传递是单向的，即只能把实参传递给形参，而不能把形参传递给实参。因此，主函数中的 i 和 j 还是原来的值，没有实现交换。

4. 函数的返回值

在 C 程序中，函数返回值是通过 return 语句来实现的。return 语句的一般形式有以下两种：

```
return (表达式);      /*返回值可以是常量、变量或表达式的值*/
return 表达式;        /*省略括号*/
```

说明：

（1）return 语句可使函数从被调函数中退出，返回到调用它的代码处，并向主调函数返回一个确定的值。

（2）一个函数中可以有多个 return 语句，执行到哪一个 return 语句，哪一个语句就起作用。

（3）在定义函数时应当指定函数的类型，并且函数的类型一般应与 return 语句中表达式的类型一致。当两者类型不一致时，应以函数的类型为准，即函数的类型决定返回值的类型，对于数值型数据，此时程序会自动进行转换。

【例 7-1-3】　函数返回值。

【参考程序】

```c
#include <stdio.h>
#include <math.h>
int fun1(float a)         /*定义 fun1()函数，求 a 的平方根*/
{
    return sqrt(a);       /*返回表达式"sqrt(a)"的值*/
}
int main()
{
    float x=10;           /*初始化浮点型变量 x*/
    float y;              /*定义浮点型变量 y*/
    y=fun1(x);            /*调用 fun1()函数并将返回值赋给 y*/
```

```
    printf("%.2f\n",y);
    return 0;
}
```

【运行结果】　运行结果如图 7-1-4 所示。

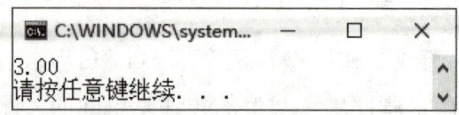

图 7-1-4　例 7-1-3 程序运行结果

【程序说明】　fun1()函数的返回语句中，表达式的结果是一个浮点数 3.162278，但由于 fun1()函数的类型为 int 型，故会将返回值自动转换成整数，主函数得到的返回值为 3，然后以%.2f 的格式输出，结果为 3.00。

任务实施

一、任务分析

显示超速车辆信息时，可定义 speed()函数，判断某车道内的车速是否在限速范围内，并将判断结果返回主函数；主函数读取（输入）车牌号、车道和车速，并输出超速车辆信息。

二、参考程序

```c
#include <stdio.h>
int speed(float,int);            /*声明函数*/
int main()
{
    char carID[10];              /*定义车牌号为字符数组型*/
    float a;                     /*定义车速为浮点型*/
    int b;                       /*定义车道为整型*/
    int x;
    printf("请输入车牌号:");
    gets(carID);                 /*输入车牌号*/
    printf("请输入车速和车道（外侧为0，中间为1，内侧为2）:\n");
    scanf("%f%d",&a,&b);         /*输入车速和车道*/
    x=speed(a,b);                /*调用函数*/
    if(x==0)
        printf("车牌号%s 已严重超速,车速是%.0fkm/h\n",carID,a);
```

```c
    else if(x==1)
        printf("车牌号%s 已超速,车速是%.0fkm/h\n",carID,a);
    else if(x==2)
        printf("车牌号%s 车速过低,车速是%.0fkm/h\n",carID,a);
}
int speed(float a,int b)      /*定义函数 speed()*/
{
    if(b==0)                  /*在外侧车道时*/
    {
        if (a>96)             /*若车辆车速超过最高速的120%返回0*/
            return 0;
        else if(a>80&&a<=96)/*若车辆超速但未超过最高速的120%返回1*/
            return 1;
        else if(a<60)         /*若车速过低返回2*/
            return 2;
    }
    else if(b==1)             /*在中间车道时*/
    {
        if(a>108)             /*若车辆车速超过最高速的120%返回0*/
            return 0;
        else if (a>90&&a<108)/*若车辆超速但未超过最高速的120%返回1*/
            return 1;
        else if(a<70)         /*若车速过低返回2*/
            return 2;
    }
    else if(b==2)             /*在内侧车道时*/
    {
        if(a>120)             /*若车辆车速超过最高速的120%返回0*/
            return 0;
        else if(a>100&&a<=120)/*若车辆超速但未超过最高速的120%返回1*/
            return 1;
        else if(a<80)         /*若车速过低返回2*/
            return 2;
    }
    else
        return -1;            /*其他情况返回-1*/
}
```

三、运行结果

程序运行结果如图 7-1-5 所示。

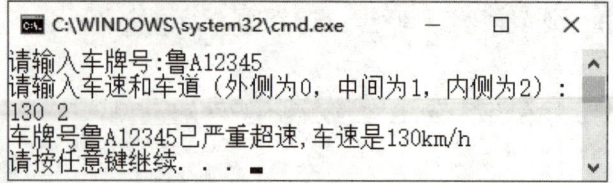

图 7-1-5　显示超速车辆信息程序运行结果

治国重器

十次交通事故九次快，超速行驶是引发交通事故的一项严重交通违章行为，且发案率高，为此，公安部多次发布和修订《道路交通安全法》和《道路交通安全违法行为记分分值》，对超速行驶等违法行为做了明确规定。普通车辆高速公路外罚款扣分如下。

（1）超过规定时速 10% 以内，暂不处罚。

（2）超过规定时速 10% 以上未达 20% 或低于最低时速的，记 3 分。

（3）超过规定时速 20% 以上未达 50% 的，记 6 分。

（4）机动车行驶超过规定时速 50% 的，记 12 分，可以并处吊销驾驶证。

任务实训

一、实训目的

（1）掌握用户自定义函数的定义方法。

（2）掌握用户自定义函数的调用方法。

二、实训内容

1. 阅读程序

（1）以下程序的运行结果是_____。

```
#include <stdio.h>
void fun(int x,int y)           /*定义fun()函数*/
{
    x=x+y;y=x-y;x=x-y;
    printf("%d,%d\n",x,y);
}
```

```
int main()                    /*定义主函数*/
{
    int x=2,y=3;
    fun(x,y);                 /*调用fun()函数*/
    return 0;
}
```

（2）以下程序的运行结果是_____。

```
#include <stdio.h>
void fun(int p)
{
    int d=2;
    p=d++;
    printf("%d",p);
}
int main()
{
    int a=1;
    fun(a);
    printf("  %d\n",a);
    return 0;
}
```

2. 程序填空

以下程序用于实现求两整数的最大公约数，请将正确答案填入下面横线上。

```
#include <stdio.h>
int gongyue(int num1,int num2)    /*定义gongyue()函数，求num1和num2的公约数*/
{
    int temp,x,y;
    if(num1<num2)
    {
        temp=num1;
        num1=num2;
        num2=temp;
    }
    x=num1;
    y=num2;
```

```
    while(y!=0)
    {
        temp=x%y;
        x=y;
        y=temp;
    }
    return ____①____;
}
int main()                    /*定义主函数*/
{
    int a,b,c;
    scanf("%d%d",&a,&b);
    _____②_____;
    printf("最大公约数=%d\n",c);
    return 0;
}
```

3. 程序设计

编写函数，求 $t = 1 - \dfrac{1}{2} + \dfrac{1}{3} - \dfrac{1}{4} \cdots + (-1)^{m-1}\dfrac{1}{m}$ 的值。在主函数中输入 m 的值并调用此函数。请将实训过程填入表 7-1-4 中。

▶ 表 7-1-4 实训过程

程序代码	遇到的问题及解决办法

班级_____　　　姓名_____　　　学号_____

任务二　统计国内生产总值

任务工单

一、任务描述

函数的参数可以是普通变量，也可以是数组元素或数组名。本任务将带领大家学习数组在函数中的应用，并编程统计国内生产总值的增长率。我国 2020—2024 年的国内生产总值如表 7-2-1 所示。

▶ 表 7-2-1　我国 2020—2024 年的国内生产总值　　　　　　　　　　　　　　（单位：亿元）

年份	2020	2021	2022	2023	2024
国内生产总值	1 034 867.6	1 173 823.0	1 234 029.4	1 294 271.7	1 349 083.5

二、分组讨论

全班学生以 3～5 人为一组进行分组，各组选出组长。请组长组织组员查找相关资料，并预习知识链接，完成下列问题。

问题 1：当调用函数时，若数组名作为函数的实参，则向函数传递的是（　　）。
　　　　A．数组的长度　　　　　　　　B．数组的首地址
　　　　C．数组的每一个元素的地址　　D．数组的每一个元素的值

问题 2：编写函数，将学生的成绩从小到大排序。

班级_____   姓名_____   学号_____

三、实践操作

使用 Visual C++ 2010，编程统计国内生产总值的增长率。请将实践过程中遇到的问题和解决办法记录在表 7-2-2 中。

▶ 表 7-2-2　实践操作过程

序号	主要问题	解决办法
1		
2		
3		

四、任务评价

请各组选出一名代表展示实践操作的成果，并配合老师完成任务评价，将评价结果填入表 7-2-3 中。

▶ 表 7-2-3　任务评价

评价项目	评价内容	评价分数			
		分值	自评	互评	师评
职业素养考核项目（30%）	考勤、仪容仪表	10 分			
	安全意识、责任意识	10 分			
	团队合作与交流	10 分			
专业能力考核项目（70%）	积极参与教学活动	5 分			
	正确理解任务要求	5 分			
	认真查找任务所需资料并参与讨论	15 分			
	实践操作过程记录表的完成度	15 分			
	是否掌握数组作为函数参数的方法	15 分			
	程序运行结果是否正确	15 分			
综合评分_____	自评（20%）+互评（20%）+师评（60%）	100 分			
综合评语		教师（签字）：			

知识链接

一、数组元素作为函数参数

数组元素作为函数的实参时,其用法与普通变量相同,是单向传递,即"值传递"方式;数组元素不能作为函数的形参使用。

数组作为函数的参数

【例 7-2-1】 试分析以下程序的运行结果。

【参考程序】

```c
#include <stdio.h>
void swap(int i,int j)            /*定义swap()函数,交换i和j的值*/
{
   int t;
   t=i;i=j;j=t;
   printf("In function i=%d,j=%d\n",i,j);/*输出i和j的值*/
}
int main()                        /*定义主函数*/
{
   int a[2]={4,9};                /*初始化数组a[2]*/
   printf("Before function a[0]=%d,a[1]=%d\n",a[0],a[1]);
   swap(a[0],a[1]);               /*调用swap()函数*/
   printf("After function a[0]=%d,a[1]=%d\n",a[0],a[1]);
   return 0;                      /*返回值0*/
}
```

【运行结果】 程序运行结果如图 7-2-1 所示。

```
Before function a[0]=4,a[1]=9
In function i=9,j=4
After function a[0]=4,a[1]=9
请按任意键继续. . .
```

图 7-2-1 例 7-2-1 程序运行结果

【程序分析】 在主函数中,定义了数组 a,并赋初值 a[0]=4,a[1]=9。因此,主函数中的第一次输出结果是 a[0]=4,a[1]=9。

调用 swap() 函数,将 a[0] 和 a[1] 作为实参传递给 swap() 函数中的形参 i 和 j,交换两数。因此,在 swap() 函数中输出结果是 i=9, j=4。

但由于数组元素作为函数的参数时,数值是单向传递的,在调用swap()函数后,主函数中的a[0]和a[1]的值是不会发生改变的,故主函数中第二次输出结果仍然是a[0]=4,a[1]=9。

二、数组名作为函数参数

数组名作为函数参数时,既可以作为实参也可以作为形参。数组名作为实参时,会将实参数组的起始地址传递给形参数组,这样两个数组就会共用一段内存单元,这种传递方式称为"地址传送"。

【例7-2-2】 修改例7-2-1的程序,用数组名作为函数的参数交换a[0]和a[1]的值。
【参考程序】

```c
#include <stdio.h>
void swap(int x[2])      /*定义swap()函数,交换x[0]和x[1]的值*/
{
   int t;
   t=x[0];               /*交换x[0]和x[1]的值*/
   x[0]=x[1];
   x[1]=t;
   printf("In function x[0]=%d,x[1]=%d\n",x[0],x[1]);
}
int main()
{
   int a[2]={4,9};       /*初始化数组a*/
   printf("Before function a[0]=%d,a[1]=%d\n",a[0],a[1]);
   swap(a);              /*调用swap()函数,数组名a作为实参*/
   printf("After function a[0]=%d,a[1]=%d\n",a[0],a[1]);
   return 0;
}
```

【运行结果】 程序运行结果如图7-2-2所示。

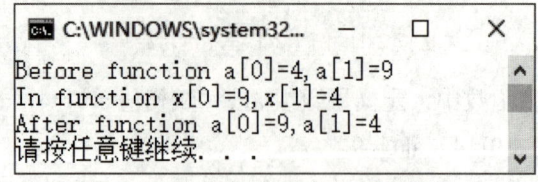

图7-2-2 例7-2-2程序运行结果

项目七　函数——实现程序模块化设计的好帮手

【程序说明】

（1）用数组名作为函数参数，须在主调函数和被调用函数中分别定义数组，本例在swap()函数中定义形参数组 x，在主函数中定义实参数组 a。

（2）实参数组与形参数组数据类型应一致（都为整型），如不一致，结果将出错。

（3）数组名作为函数参数时，是把实参数组的起始地址传递给形参数组，这样两个数组将共占同一段内存单元，形参数组中各元素的值发生变化时，实参数组元素的值同时发生了变化。因此，调用 swap()函数可实现 a[0]和 a[1]的交换。

（4）形参数组可不指定大小，即定义数组时在数组名后跟一个空的方括号即可。例如，上述的函数头可写成：

```
void swap(int x[])        /*定义 swap()函数，形参数组不指定大小*/
```

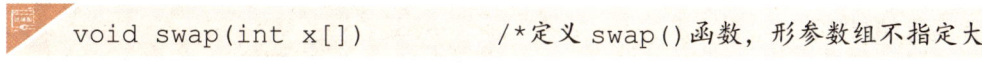

一、任务分析

国内生产总值的增长率=（当年的国内生产总值−去年的国内生产总值）/去年的国内生产总值。主函数中定义一个数组，用来存放 2020—2024 年国内生产总值的数据。定义 Growth()函数计算国内生产总值的增长率，将计算结果存放到另一个数组中。

二、参考程序

```c
#include <stdio.h>
void Growth(float x[5])       /*定义 Growth()函数，计算增长率*/
{
    int i;
    float z[4];
    for(i=0;i<4;i++)          /*循环计算 z[i]的值并输出*/
    {
        z[i]=(x[i+1]-x[i])/x[i]*100;
        printf("%.2f%%    ",z[i]);
    }
}
int main()                    /*定义主函数*/
{
    int i;
```

```
    float x[5]={1034867.6,1173823.0,1234029.4,1294271.7,1349083.5};
    printf("年  份: 2021       2022       2023       2024\n");
    printf("增长率: ");
    Growth(x);                    /*调用Growth()函数,数组名x作为实参*/
    printf("\n");
    return 0;                     /*返回0*/
}
```

三、运行结果

程序运行结果如图7-2-3所示。

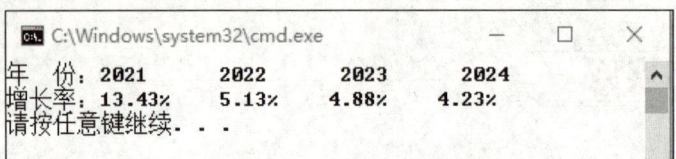

图7-2-3 统计国内生产总值程序运行结果

辉煌中国

可以看到，2020—2024年，我国国内生产总值在持续稳定增长，特别是2024年，首次突破130万亿元。这意味着我国经济实力、科技实力、综合国力、人民生活水平跃上新台阶，也意味着我国发展基础更牢、结构更优、可持续性更好、抗风险能力更强。

任务实训

一、实训目的

（1）掌握数组元素作为函数参数的使用方法。
（2）掌握数组名作为函数参数的使用方法。

二、实训内容

1. 阅读程序

（1）以下程序的运行结果是_____。

```
#include <stdio.h>
void fun(int a[],int n)          /*定义fun()函数*/
{
```

```
    int i;
    for(i=0;i<n;i++)
        if(a[i]<0)
            a[i]=-a[i];
}
int main()
{
    int i;
    int b[5]={1,-2,3,-4,5};
    fun(b,5);                    /*调用fun()函数*/
    for(i=0;i<5;i++)
        printf("%d\t",b[i]);
    return 0;
}
```

（2）从键盘输入 1 -1 2 -2 3↙，则以下程序的运行结果是_____。

```
#include <stdio.h>
void f(int v)                    /*定义f()函数*/
{
    if(v>0)
        printf("%d",v);
    else
        printf("%d",0);
}
int main()                       /*定义主函数*/
{
    int a[5],i;
    printf("input 5 numbers\n");
    for(i=0;i<5;i++)
    {
        scanf("%d",&a[i]);
        f(a[i]);
    }
    return 0;
}
```

2. 程序设计

（1）编写函数使字符串"abcdefghijk"逆序输出。请将实训过程填入表 7-2-4 中。

▶ 表 7-2-4　实训过程 1

程序代码	遇到的问题及解决办法

（2）编写函数将一维数组中的 10 个元素从大到小排序。请将实训过程填入表 7-2-5 中。

▶ 表 7-2-5　实训过程 2

程序代码	遇到的问题及解决办法

班级_____ 姓名_____ 学号_____

任务三　再现汉诺塔游戏

　任务工单

一、任务描述

若函数在被调用过程中调用了其他函数，称为嵌套调用；若函数在被调用过程中直接或间接地调用其本身，称为递归调用。本任务将带领大家学习嵌套调用和递归调用的使用方法，并学习局部变量、全局变量和变量的存储类别，在此基础上编程模拟汉诺塔游戏。

二、分组讨论

全班学生以 3～5 人为一组进行分组，各组选出组长。请组长组织组员查找相关资料，并预习知识链接，完成下列问题。

问题 1：C 程序中的函数（　　）。

　　A．不可以嵌套定义　　　　　　B．不可以嵌套调用

　　C．不可以递归调用　　　　　　D．以上都不对

问题 2：试描述递归调用时应注意的问题。

问题 3：讨论局部变量和全局变量的区别。

班级_____   姓名_____   学号_____

三、实践操作

使用 Visual C++ 2010，编程模拟汉诺塔游戏。请将实践过程中遇到的问题和解决办法记录在表 7-3-1 中。

▶ 表 7-3-1 实践操作过程

序号	主要问题	解决办法
1		
2		
3		

四、任务评价

请各组选出一名代表展示实践操作的成果，并配合老师完成任务评价，将评价结果填入表 7-3-2 中。

▶ 表 7-3-2 任务评价

评价项目	评价内容	评价分数			
		分值	自评	互评	师评
职业素养考核项目（30%）	考勤、仪容仪表	10 分			
	安全意识、责任意识	10 分			
	团队合作与交流	10 分			
专业能力考核项目（70%）	积极参与教学活动	5 分			
	正确理解任务要求	5 分			
	认真查找任务所需资料并参与讨论	10 分			
	实践操作过程记录表的完成度	15 分			
	是否掌握嵌套调用和递归调用的使用方法	10 分			
	是否掌握局部变量和全局变量的使用方法	10 分			
	程序运行结果是否正确	15 分			
综合评分_____ 自评（20%）+互评（20%）+师评（60%）		100 分			
综合评语		教师（签字）：			

知识链接

一、函数的嵌套调用

C语言中函数的定义是相互平行的,在定义函数时,一个函数中不能包含另一个函数。但是,一个函数在被调用的过程中可以调用其他函数,即可以<u>嵌套调用</u>。

函数的嵌套调用

【例7-3-1】 使用函数的嵌套调用计算 1!+2!+3!+…+10!的值。

【问题分析】 阶乘的累加计算包括求阶乘和求累加两个功能模块。定义一个函数sum()用于计算累加,再定义一个函数fac()用于计算阶乘。定义主函数调用sum()函数,sum()函数再调用fac()函数。

【参考程序】

```c
#include <stdio.h>
int main()
{
    float sum(int n);                    /*声明sum()函数*/
    printf("1!+2!+3!+…+10!=%-12.5le\n",sum(10));/*调用sum()函数*/
    return 0;
}
float sum(int n)                         /*定义sum()函数,求累加*/
{
    float fac(int k);                    /*声明fac()函数*/
    int i;
    float s=0;
    for(i=1;i<=n;++i)
        s+=fac(i);                       /*调用fac()函数*/
    return s;
}
float fac(int k)                         /*定义fac()函数,计算阶乘*/
{
    int i;
    float t=1;
    for(i=2;i<=k;++i)
        t*=i;
```

```
        return t;
    }
```

【运行结果】　程序运行结果如图 7-3-1 所示。

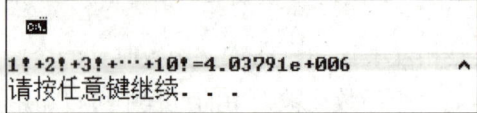

图 7-3-1　例 7-3-1 程序运行结果

【程序说明】　由于 sum() 函数的定义在主函数之后,所以在主函数的开始要对 sum() 函数进行声明;同样,在 sum() 函数的开始也要对 fac() 函数进行声明。

二、函数的递归调用

递归调用分为直接递归调用和间接递归调用两类。直接递归调用是在调用 f() 函数的过程中直接调用 f() 函数,如图 7-3-2 所示;间接递归调用是在调用 f() 函数的过程中调用 f1() 函数,而在调用 f1() 函数的过程中又调用 f() 函数,如图 7-3-3 所示。

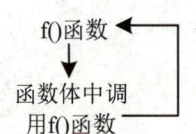
图 7-3-2　直接递归调用

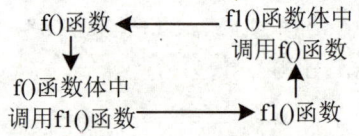
图 7-3-3　间接递归调用

高手点拨

由图 7-3-2 和图 7-3-3 可以看出,这两种递归调用都是无终止地调用自身。为防止无限递归,所有递归函数都须设定终止条件。

【例 7-3-2】　用递归调用方法求 $s=1+2+3+\cdots+n$ 的值。

【问题分析】　这是一个等差数列求和问题,故前 n 项的和为前 $n-1$ 项的和加上 n。可定义一个函数 sum(),其返回值为 sum($n-1$)+n,当 $n=1$ 时,其返回值为 1。

【参考程序】

```c
#include <stdio.h>
int sum(int n);           /*声明sum()函数*/
int main()                /*定义主函数*/
{
```

```
    int n,s;
    printf("Input a integer: ");
    scanf("%d",&n);
    s=sum(n);              /*调用sum()函数*/
    printf("s=1+2+3+…+%d=%d\n",n,s);
    return 0;
}
int sum(int n)             /*定义sum()函数，求累加*/
{
    if(n==1)               /*当n==1时，结束递归,否则调用sum()函数*/
        return 1;
    else
        return sum(n-1)+n;
}
```

【运行结果】 程序运行结果如图7-3-4所示。

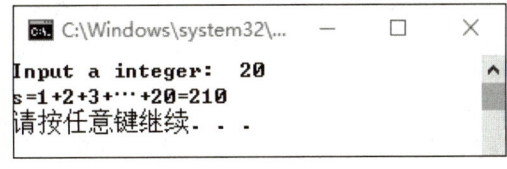

图7-3-4 例7-3-2程序运行结果

三、局部变量与全局变量

任何变量都有其有效作用范围，称为变量的作用域。根据作用域的不同，可将变量分为局部变量和全局变量。

1. 局部变量

局部变量也称内部变量，它是在函数内定义并使用的，之前程序中用到的变量绝大多数属于局部变量。

【例7-3-3】 分析以下程序的运行结果。

【参考程序】

```
#include <stdio.h>
int main()
{
    int a=0;
```

```
    {
        int a=5;
        printf("复合语句内 a=%d\n",a);
    }
    printf("复合语句外 a=%d\n",a);
    return 0;
}
```

【运行结果】 程序运行结果如图 7-3-5 所示。

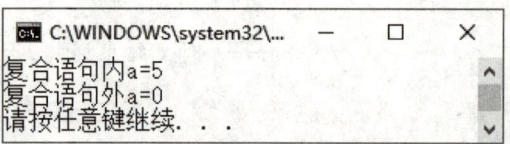

图 7-3-5 例 7-3-3 程序运行结果

【程序分析】 在此程序中，定义了两个名为 a 的变量。执行第一条 printf 语句时，起作用的是在复合语句内定义的变量 a，故输出 5；执行第二条 printf 语句时，在复合语句内定义的变量 a 失效，此时主函数中定义的变量 a 有效，故输出 0。

提示

（1）主函数中定义的变量是局部变量，只在主函数中有效。同样主函数也不能使用其他函数中定义的变量。
（2）函数的形参也属于局部变量，作用范围仅限于函数内部。
（3）在复合语句内定义的局部变量，只在本复合语句范围内有效。
（4）不同函数中，可以使用相同名字的局部变量，它们代表不同对象，互不干扰。

2. 全局变量

全局变量也称外部变量，它是在函数外部定义的变量，全局变量可以为本文件中其他函数所共有。它的有效范围是从定义变量的位置开始，到本源程序文件结束。

全局变量提供了函数间数据联系的渠道，有效地解决了函数只能通过 return 语句带给主调函数一个运算结果的问题。

【例 7-3-4】 分析以下程序的运行结果。
【参考程序】

```
#include <stdio.h>
int a,b,c;              /*定义全局变量 a、b、c*/
void f()                /*定义 f()函数，实现 c=a+b*/
```

```
    {
        c=a+b;
    }
    int main()              /*定义主函数*/
    {
        a=3;
        b=4;
        f();                /*调用 f()函数*/
        printf("c=%d\n",c); /*输出全局变量 c*/
    }
```

【运行结果】 程序运行结果如图 7-3-6 所示。

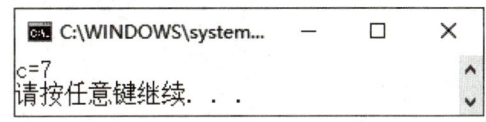

图 7-3-6 例 7-3-4 程序运行结果

【程序分析】 此程序中，定义了全局变量 a、b、c；在主函数中对 a 和 b 进行了赋值，使 a=3、b=4；然后调用 f()函数，虽然此时没有参数传递，但由于 a 和 b 为全局变量，故在 f()函数中 a=3、b=4，经过计算得到 c=7；同理，虽然没有 return 语句返回 c 的值，但由于 c 为全局变量，因此，在主函数中 c=7。

> **提示**
>
> 在一个函数中既可以使用本函数中的局部变量，也可以使用有效的全局变量。但当全局变量与局部变量同名时，在局部变量的作用范围内，全局变量不起作用。
>
> 虽然全局变量可以加强函数间的数据联系，但降低了函数的独立性，因此，在非必要时尽量不用全局变量。

四、变量的存储类别

1. 局部变量的存储类别

局部变量的存储类别包括自动变量（动态变量）存储和静态局部变量存储两类。

（1）自动变量（auto）。自动变量的建立和撤销都是由系统自动进行的，是函数中使用最多的一种局部变量。自动变量用关键字"auto"作为存储类别的声明。例如：

```
auto int a,b=5;              /*定义自动变量a和b*/
int a,b=5;                   /*省略关键字"auto"*/
```

提示

（1）未进行初始化时，自动变量的值是不确定的。
（2）函数的形参也是一种自动变量，但是在说明时不加存储类别标识符"auto"。
（3）对同一函数的两次调用之间，自动变量的值是不保留的。

（2）**静态局部变量（static）**。若希望在函数调用结束后仍然保留某局部变量的值，可以将该局部变量定义为静态局部变量。静态局部变量用关键字"static"进行声明，例如：

```
static int m=0;              /*初始化静态变量m*/
```

提示

（1）当一个变量被声明为静态局部变量时，编译时就会分配存储空间，在整个程序运行期间都不释放。因此，函数调用结束后，它的值并不消失。
（2）静态局部变量是在编译过程中赋初值的，且只赋一次初值，在程序运行时其初值已定，以后每次调用函数时，都不再赋初值，而是保留上一次函数调用结束时的结果。
（3）静态局部变量在定义时如果未赋初值，编译系统会将整型变量初始化为0，将实型变量初始化为0.0，将字符型变量初始化为'\0'。

【例7-3-5】 分析以下程序的运行结果。

【参考程序】

```c
#include <stdio.h>
int func(int a,int b)            /*定义func()函数*/
{
    int i=2;                     /*初始化自动变量i*/
    static int m=0;              /*初始化静态局部变量m*/
    i+=m+1;                      /*计算i的值*/
    m=i+a+b;                     /*计算m的值*/
    return(m);                   /*返回m的值*/
}
```

```
int main()                  /*定义主函数*/
{
    int k=4,m=1,p;          /*初始化自动变量k、m,定义自动变量p*/
    p=func(k,m);            /*第一次调用func()函数,并将返回值赋给p*/
    printf("%d\n",p);       /*输出p的值*/
    p=func(k,m);            /*第二次调用func()函数,并将返回值赋给p*/
    printf("%d\n",p);       /*输出p的值*/
    return 0;
}
```

【运行结果】　程序运行结果如图 7-3-7 所示。

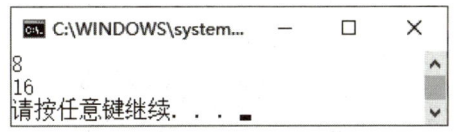

图 7-3-7　例 7-3-5 程序运行结果

【程序说明】　主函数中定义的 k、m、p 均为自动局部变量,第一次调用 func()函数时,函数中的局部变量 i 的初值为 2,静态局部变量 m 的初值为 0,在函数调用结束时,i=i+m+1=3,m=i+a+b=8。返回 m 的值给主函数,故第一次输出为 8。

由于被定义为静态局部变量,m 不会在函数调用结束后释放,即 m 的值仍为 8。在第二次调用 func()函数时,i 的初值为 2,而 m 的初值为 8(上次调用结束时的值),在函数调用结束时,i=i+m+1=11,m=i+a+b=16,故第二次输出为 16。

2. 全局变量的存储类别

全局变量全部存放在静态存储区域中,在程序开始执行时给全局变量分配存储区,程序执行完毕才释放。在此作用域内,全局变量可以被程序中的各个函数引用。若希望能够扩展全局变量的作用域,可进行如下声明。

(1)在一个文件内扩展全局变量的作用域。如果要在定义全局变量之前的函数中使用某个全局变量,须在该函数中用关键字 extern 对该变量进行外部声明。例如:

```
int main()
{
    extern int a;           /*声明已定义的全局变量a*/
    ...
}
int a;                      /*定义a为整型全局变量*/
```

上述代码中,由于定义全局变量 a 的位置在主函数之后,若想在主函数中引用该变量,须在主函数的开头用 extern 对 a 进行"外部变量声明"。

> **提示**
>
> （1）用 extern 声明外部变量时，数据类型名可以省略。例如，"extern int a;"也可写成"extern a;"。
>
> （2）提倡将全局变量的定义放在引用它的所有函数之前，这样可以避免在函数中多加一个 extern 声明。

（2）将全局变量的作用域扩展到其他文件。当 C 程序由多个源程序文件组成时，如果需要在一个文件中引用其他文件中定义的全局变量，则应该在需要引用此变量的文件中，用 extern 进行说明。例如，若想在 f2.c 文件中引用 f1.c 的全局变量 a、b、c，可进行如下声明。

文件 f1.c：
```
#include<stdio.h>
int a,b,c;              /*定义全局变量*/
int main()              /*主函数*/
{
    ...
}
```

文件 f2.c：
```
extern int a,b,c;/*将f1文件中已定义的全局变量的作用域扩展到本文件*/
void f()               /*定义函数实现c=a+b*/
{
    c=a+b;
}
```

> **提示**
>
> extern 只能用来声明变量，不能用来定义变量，也不能用来初始化变量。

（3）将全局变量的作用域限制在本文件中。如果希望定义的全局变量仅限于本文件中使用，可以在定义此全局变量时用 static 声明，例如：

```
static int x;
```

此时，全局变量的作用域仅限于本文件，在其他文件中即使用 extern 声明，也无法使用该变量。这种加上 static 声明的全局变量称为静态全局变量。

项目七 函数——实现程序模块化设计的好帮手

一、任务分析

汉诺塔游戏的 3 个步骤（见项目二）可以分为两类操作。

（1）将 $n-1$ 个圆盘从一个柱子移动到另一个柱子（$n>1$）。

（2）将 1 个圆盘从一个柱子移动到另一个柱子。

分别用两个函数实现以上两类操作：定义 hanoi()函数实现第（1）类操作，定义 move() 函数实现第（2）类操作。hanoi(n,a,b,c)函数表示将 n 个圆盘借助 b 柱从 a 柱移动到 c 柱的过程，move(n,a,c)函数表示将第 n 个圆盘从 a 柱移动到 c 柱的过程。由于每次调用时，不需要使用上次的计算结果，故所有变量均可设为自动变量类型。

二、参考程序

```c
#include <stdio.h>
void hanoi(int n,char a,char b,char c)    /*定义hanoi()函数*/
{
    void move(int n,char a,char b);         /*声明move()函数*/
    if(n==1)                  /*判断n是否为1，若是，调用move()函数*/
        move(n,a,c);
    else                  /*否则递归调用hanoi()函数，并调用move()函数*/
    {
        hanoi(n-1,a,c,b);
        move(n,a,c);
        hanoi(n-1,b,a,c);
    }
}
void move(int n,char a,char b)/*定义move()函数，输出移动步骤*/
{
    printf(" Move sheet %d from %c to %c\n",n,a,b);
}
int main()                          /*定义主函数*/
{
    int n;
    printf("请输入移动圆盘的数量：");
```

```
    scanf("%d",&n);
    hanoi(n,'A','B','C');          /*调用hanoi()函数*/
    return 0;
}
```

三、运行结果

程序运行结果如图 7-3-8 所示。

图 7-3-8　模拟汉诺塔游戏程序运行结果

任务实训

一、实训目的

（1）掌握函数嵌套调用和递归调用的使用方法。
（2）掌握局部变量和全局变量的使用方法。
（3）了解变量的存储类别。

二、实训内容

1. 阅读程序

（1）以下程序的运行结果是_____。

```
#include <stdio.h>
int a,b;
void fun()
```

```
    {
        a=10;
        b=20;
    }
    int main()
    {
        int a=3,b=9;
        fun();
        printf("%d,%d\n",a,b);
        return 0;
    }
```

(2) 以下程序的运行结果是_____。

```
#include <stdio.h>
int f()
{
    int b=0;
    static int c=3;
    b=b+1;
    c=c+1;
    return b+c;
}
int main()
{
    int a1,a2;
    a1=f();
    a2=f();
    printf("%d,%d",a1,a2);
    return 0;
}
```

2. 程序填空

以下程序的功能是，使用递归法求 *n* 的阶乘，请将正确答案填在下面的横线上。

```
#include <stdio.h>
int fac(int n)              /*定义fac()函数，求n的阶乘*/
```

```
{
    int f;
    if(n<0)
    {
        printf("数据输入有误");
        f=-1;
    }
    else if(n==0||n==1)
        f=1;
    else
        f=_____①_____;
    return(f);
}
int main()                    /*定义主函数*/
{
    int n;
    int y;
    printf("请输入一个整型数据：");
    scanf("%d",&n);
    y=_____②_____;
    printf("%d!=%d",n,y);
    return 0;
}
```

3. 程序设计

编写递归函数，输出 1~100 的所有偶数。请将实训过程填入表 7-3-3 中。

▶ 表 7-3-3　实训过程

程序代码	遇到的问题及解决办法

项目考核

一、选择题

(1) C 程序的执行从（　　）。
  A．主函数开始   B．第 1 条语句开始
  C．随机位置开始   D．程序的第 1 个函数开始

(2) 函数头 "void abc()" 中，void 的含义是（　　）。
  A．该函数的返回值为任意类型   B．函数执行完成后，不再返回
  C．该函数没有返回值   D．函数返回值为一个不存在的类型

(3) 若函数头为 "void fun(char ch, float x)"，则以下调用语句正确的是（　　）。
  A．fun("abc",3.0);   B．t=fun('D',12.3);
  C．fun(65,65);   D．fun('65',3.7);

(4) 以下函数调用语句中实参的个数为（　　）。

```
fun1((a,a-1,a-3),(b,b+4));
```

  A．1   B．2   C．3   D．5

(5) 调用函数时，若实参是数组元素，则向函数传递的是（　　）。
  A．数组的长度   B．数组的首地址
  C．数组中除首地址之外的其他地址   D．数组中每一个元素的值

(6) 如果在一个函数内的复合语句中定义了一个变量，则该变量（　　）。
  A．只在该复合语句中有效   B．在该函数中有效
  C．在本程序范围内有效   D．为非法变量

二、编程题

(1) 写一个函数，当主函数调用此函数后，能求出 10 个学生的平均成绩、最高成绩和最低成绩。

(2) 编写函数，求 $t = 1 - \dfrac{1}{2 \times 2} - \dfrac{1}{3 \times 3} - \cdots - \dfrac{1}{m \times m}$ 的值，要求在主函数中输入 m 的值。

(3) 用递归函数求斐波那契（Fibonacci）数列的前 20 项。

(4) 哥德巴赫猜想：每个不小于 6 的偶数都是两个奇素数之和。编写程序验证哥德巴赫猜想对 50 以内的正偶数成立。

项目八

指针——提高开发效率的妙招

项目导读

指针是 C 语言的一个重要特色，C 语言之所以强大，是因为其灵活的指针运用。可以毫不夸张地说，指针是 C 语言的灵魂，正确、灵活地运用指针，可以使程序更加简洁、紧凑，还可以提高程序的编译效率和执行速度。指针是提高开发效率的妙招，每个学习和使用 C 语言的人都应该掌握指针的使用方法。

知识目标

- 理解指针的概念。
- 掌握指针变量的定义、初始化和引用方法。
- 掌握指针在字符串和数组中的使用方法。
- 掌握指针在函数中的使用方法。

能力目标

- 能利用指针编写程序。

素质目标

- 通过学习指针变量，增强创新意识。
- 通过统计人口增长率，理解我国的人口可持续发展战略。

班级_____ 姓名_____ 学号_____

任务一　删除有序数组中的重复元素

▎任务工单

一、任务描述

作为 C 语言的灵魂，指针是学习 C 语言时必须掌握的知识。本任务将带领大家学习指针的基本概念，并学习使用指针变量操作基本类型数据和数组的方法，最后利用指针编程删除有序数组中的重复元素。

二、分组讨论

全班学生以 3～5 人为一组进行分组，各组选出组长。请组长组织组员查找相关资料，并预习知识链接，完成下列问题。

问题 1：若有定义变量语句"int a[]={2,4,6,8,10,12},*p=a;"，则*(p+1)的值是_____，*(a+5)的值是_____。

问题 2：语句"scanf("%d",&n);"中，&表示_____。

问题 3：若有整型变量 a，如何知道该变量的存储地址？如何通过指针变量对 a 进行操作？

班级_____　　姓名_____　　学号_____

三、实践操作

使用 Visual C++ 2010，用指针实现删除整型数组{1,2,3,4,5,6,6,7,7,8}中的重复元素。请将实践过程中遇到的问题和解决办法记录在表 8-1-1 中。

▶ 表 8-1-1　实践操作过程

序号	主要问题	解决办法
1		
2		
3		

四、任务评价

请各组选出一名代表展示实践操作的成果，并配合老师完成任务评价，将评价结果填入表 8-1-2 中。

▶ 表 8-1-2　任务评价

评价项目	评价内容	评价分数			
		分值	自评	互评	师评
职业素养考核项目（30%）	考勤、仪容仪表	10 分			
	安全意识、责任意识	10 分			
	团队合作与交流	10 分			
专业能力考核项目（70%）	积极参与教学活动	5 分			
	正确理解任务要求	5 分			
	认真查找任务所需资料并参与讨论	15 分			
	实践操作过程记录表的完成度	15 分			
	是否掌握指针操作基本类型数据和数组的方法	15 分			
	程序运行结果是否正确	15 分			
综合评分_____　自评（20%）+互评（20%）+师评（60%）		100 分			
综合评语		教师（签字）：			

项目八 指针——提高开发效率的妙招

 知识链接

一、指针的基本概念

每个变量在内存中都占用一定的存储空间,不同数据类型的变量占用的字节数是不一样的。例如,整型变量占用 4 个字节,而字符型变量则占用 1 个字节。为了正确地访问这些变量,内存中的每个字节都会被编上编号,且每个编号都是唯一的,因此,可以根据编号准确地找到存储在某个字节中的数据。这个内存单元的编号就称为内存地址,即指针。例如,在格式输入语句"scanf("%f",&x)"中,&x 为变量 x 的指针(内存地址)。

指针的概念

在 C 程序中,允许用一个变量来存放指针,这个变量称为指针变量,而指针变量的值就是某个内存单元的地址。

二、指针变量的定义及初始化

1. 指针变量的定义

与普通变量一样,指针变量也必须"先定义后使用"。定义指针变量的一般形式为

```
类型说明符 *指针变量名1,*指针变量名2……;
```

其中,"类型说明符"是指针指向的目标数据的类型;指针变量名前的"*"表示该变量的类型是指针型变量,不能省略。例如:

```
int *p1;        /*定义指向整型变量的指针变量p1*/
char *p2,*p3;   /*定义指向字符型变量的指针变量p2和p3*/
```

其他类型的变量允许和指针变量在同一个语句中定义。例如:

```
Int m,*p;/*定义2个变量,其中m是整型变量,p是指向整型变量的指针变量*/
```

2. 指针变量的初始化

可以在定义指针变量的同时为其赋初值,即指针变量的初始化。由于指针变量是指针类型,故所赋初值应是一个地址值。其一般形式为

```
类型说明符 *指针变量名1=地址1,*指针变量名2=地址2……;
```

例如:

```
int i;
int *p=&i;    /*定义指针变量p,指向整型变量i*/
```

表示地址的形式可以是"&变量名""数组名""其他指针变量"等。例如:

```
char s[20];
```

219

```
char *str=s;  /*定义指针变量str,指向字符数组s的首地址*/
```

三、指针变量的引用

引用指针变量时,一般包括以下3种情况。

1. 给指针变量赋值

在程序执行过程中,可以使用赋值语句为指针变量赋值,一般形式为

```
指针变量=地址;
```

例如:

```
int a=20,b=30,*p1,*p2;
p1=&a;              /*把变量a的地址赋给指针变量p1*/
p2=&b;              /*把变量b的地址赋给指针变量p2*/
```

此例中,定义了两个整型变量a和b,a的初值为20,b的初值为30;定义了指针变量p1指向变量a,指针变量p2指向变量b,其相互之间的关系如图8-1-1所示。

指针变量和一般变量一样,存放其中的值是可以改变的,即可以改变它们的指向。例如,在上述定义语句后,执行赋值语句"p2=p1;",则p2与p1指向同一对象a,此时*p2就等价于a,而不是b,如图8-1-2所示。

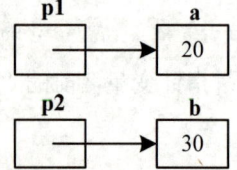 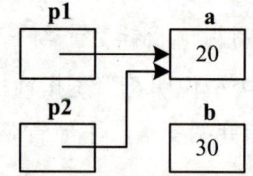

图8-1-1 p1和p2指向不同变量　　　　图8-1-2 p1和p2指向同一变量

> **提示**
>
> (1)"&"运算符是取地址运算符,其功能是返回其后所跟操作数的地址,其结合性为从右向左。例如,&a是变量a的地址。
>
> (2)"*"运算符是指针运算符,其功能是取该指针指向的存储单元的值。例如,*p代表指针变量p指向的对象。

2. 引用指针变量指向的变量

如果在上述定义语句后面执行赋值语句"*p2=*p1;",即

```
int a=20,b=30,*p1,*p2;
p1=&a;              /*把变量a的地址赋给指针变量p1*/
```

```
p2=&b;                  /*把变量b的地址赋给指针变量p2*/
*p2=*p1;                /*引用指针变量指向的变量*/
```
则表示将 p1 指向的内容赋给 p2 所指的区域,即等价于"b=a;"。

3. 引用指针变量的值

若要输出指针变量 p 的值,即 a 的地址,可以用如下语句实现。

```
int a;
int *p=&a;
printf("%x",p);
```

【例 8-1-1】 试分析以下代码的输出结果。

【参考程序】

```
#include <stdio.h>
int main()
{
    int x=10,*p,y;
    p=&x;                                   /*取变量x的地址赋给指针变量p*/
    y=*p;                                   /*将*p的值即p指向的内容赋给y*/
    printf("x=%d,*p=%d,y=%d\n",x,*p,y);     /*输出x, *p和y的值*/
    printf("&x=%x,p=%x,&y=%x\n",&x,p,&y);   /*输出x和y的地址及指针p的值*/
    return 0;
}
```

【运行结果】 程序运行结果如图 8-1-3 所示。

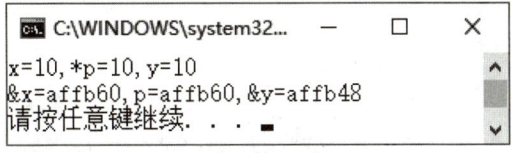

图 8-1-3 例 8-1-1 程序运行结果

【程序说明】 此例中定义了 3 个变量 x、y 和 p,"int x=10,*p,y;"语句中的"*p"表示将变量 p 声明为指针变量,用"*"区别于一般变量;"p=&x;"语句表示指针变量 p 指向 x;"y=*p;"语句中的"*p"表示使用指针变量 p,此时"*"是运算符,表示取指针 p 所指向的存储单元内容,即取变量 x 的值。因此,*p 和 y 的值都是 10,且 p 为 x 的地址;y 和 x 是不同的变量,故它们的内存地址是不同的。

> **提示**
>
> 程序运行结束后,存储空间都会被释放,下次运行时会被重新分配地址,故每次运行后输出的地址是不相同的。

四、空指针和 void 指针

1. 空指针

空指针是指不指向任何对象的指针,该指针没有指向任何内存单元。构造空指针的方法主要有以下两种。

(1) 赋 0 值。例如:

```
int *p=0;
```

(2) 赋 NULL 值。例如:

```
int *p=NULL;
```

空指针常用来初始化指针,避免野指针的出现。

2. void 指针

指针变量也可以定义为 void 型,void 指针是不指定返回值数据类型的指针,该指针有自己的存储单元,构造 void 指针的一般形式为

```
void *指针变量名;
```

例如:

```
void *p;
```

任何指针都可以赋值给 void 指针。例如:

```
int x=10;
int *q=&x;
p=q;                    /*不需要进行强制类型转换*/
```

但是,若想将 void 指针赋给其他类型的指针,就须进行强制类型转换。例如:

```
int *t=(int*)p;         /*需要进行强制类型转换*/
printf("*p=%d",*(int*)p); /*输出 p 指向的存储单元内容*/
```

五、指针与数组

1. 定义指向数组的指针变量

指针变量也可以指向数组中的元素。例如:

```
int a[5]={1,2,3,4,5},*p;
```

```
p=&a[0];
```

此处定义了一个一维数组 a 和一个指针变量 p，使指针变量 p 指向 a 的第 1 个元素。

由于一维数组的数组名是一个地址常量，即 a→&a[0]。因此，也可以通过数组名将数组的首地址赋给指针变量，即 "p=a;"。

指针变量
与一维数组

2．数组中的指针运算

当指针指向数组元素时，可以对指针进行以下运算。

（1）加减一个整数。对于指向数组的指针变量，可以加上或减去一个整数 n。例如，p 是指向数组 a[i] 的指针变量，则 p+n、p-n、p++、++p、p--、--p 都是合法的。指针变量加或减一个整数 n 的意义是将指针指向的当前位置向前或向后移动 n 个位置。

（2）两指针变量相减。若两个指针变量指向同一数组，则两个指针变量相减所得之差就是两个指针所指数组元素之间相差的元素个数。例如：

```
int a[5]={1,2,3,4,5},b,*p,*q;
p=&a[0];
q=&a[4];
b=q-p;
```

此例中，b 的结果为 4，即两个指针变量指向的元素下标之差。

提示

（1）只有指向同一数组的两个指针变量之间才能进行减法运算，否则毫无意义。

（2）两个指针变量不能进行加法运算。

3．通过指针引用数组元素

通过指针引用数组元素的一般形式为

```
*(a+i) 或 *(p+i)
```

其中，a 是数组名，p 是指向数组元素的指针变量，且 p 指向数组 a 的第 1 个元素。指向数组的指针变量也可以带下标，如 p[i] 与 *(p+i) 是等价的。

高手点拨

*(p+i) 和 a[i] 相等的前提条件是 p 指向数组 a 的首地址。如果赋值 "p=&a[4];"，则 p 指向 a[4]，p+1 指向 a[5]，而 p-1 指向 a[3]。

【例 8-1-2】 分析以下程序的运行结果。

【参考程序】

```c
#include <stdio.h>
int main()
{
    int a[5],*p,i;          /*定义数组a、指针变量p和整型变量i*/
    for(i=0;i<5;i++)        /*循环给数组a中的元素赋值*/
        a[i]=i+1;
    p=a;                    /*指针变量p指向数组a*/
    for(i=0;i<5;i++)        /*利用指针,循环输出数组a的值*/
        printf("*(p+%d):%d\t",i,*(p+i));
    printf("\n");
    for(i=0;i<5;i++)        /*利用数组名,循环输出数组a的值*/
        printf("*(a+%d):%d\t",i,*(a+i));
    printf("\n");
    for(i=0;i<5;i++)        /*利用指针下标,循环输出数组a的值*/
        printf("p[%d]:%d\t\t",i,p[i]);
    printf("\n");
    for(i=0;i<5;i++)        /*利用数组下标,循环输出数组a的值*/
        printf("a[%d]:%d\t\t",i,a[i]);
    printf("\n");
    return 0;
}
```

【运行结果】 程序运行结果如图 8-1-4 所示。

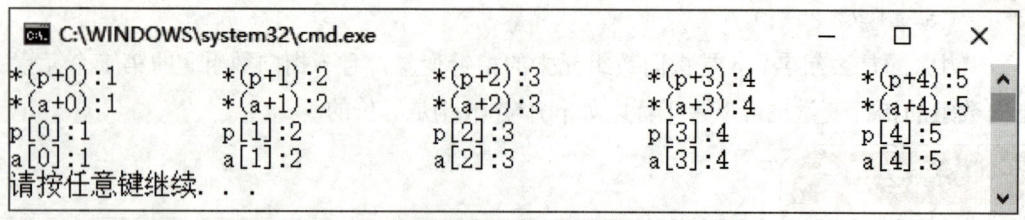

图 8-1-4 例 8-1-2 程序运行结果

【程序说明】 从程序运行结果中可以得出,*(p+i)、*(a+i)、p[i]和 a[i]输出的结果都是相同的。

项目八 指针——提高开发效率的妙招

一、任务分析

要删除有序数组中的重复元素，可利用指针变量遍历整个数组，即定义两个指针变量指向数组中的不同元素，判断这两个数组元素是否相同，统计出重复元素的位置和个数，然后通过移动指针删除重复元素值。

二、参考程序

```c
#include <stdio.h>
int Del(int b[],int n)              /*Del()函数用于实现删除重复元素*/
{
    int *p,*q,*p1;                  /*定义指针变量p、q、p1*/
    int c;                          /*定义整型变量c存储某元素的重复次数*/
    for(p=b;p<b+n;p++)              /*外循环，判断并删除重复元素*/
    {
        q=p+1;
        c=0;
        while(*q==*p&&q<b+n)        /*内循环，判断元素重复的次数*/
        {
            q++;                    /*q向后移动一位*/
            c++;                    /*c自增1*/
        }
        if(c!=0&&q<=b+n)
        {
            for(p1=p+1;q<b+n;p1++,q++)  /*内循环，删除重复元素*/
                *p1=*q;
            n-=c;                   /*元素个数减少c*/
        }
    }
    return n;
}
int main()
{
```

```
    int a[10]={1,2,3,4,4,4,5,6,6,7};     /*定义并初始化数组a*/
    int *p=a;                              /*定义指针变量指向数组a*/
    int i,n;
    for(i=0;i<10;i++)                      /*循环输出原数组的元素*/
        printf("%d ",a[i]);
    printf("\n");
    n=Del(a,10);                           /*调用Del()函数*/
    for(p=a;p<a+n;p++)                     /*循环输出删除重复元素后的数组*/
        printf("%d ",*p);
    printf("\n");
    return 0;
}
```

三、运行结果

程序运行结果如图 8-1-5 所示。

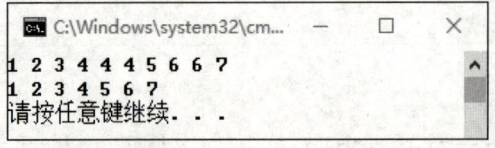

图 8-1-5　删除有序数组中的重复元素程序运行结果

任务实训

一、实训目的

（1）掌握指针的定义、初始化及引用方法。

（2）掌握指针在数组中的使用方法。

二、实训内容

1. 阅读程序

（1）以下程序的运行结果是_____。

```
#include <stdio.h>
int main()
{
```

```
int *p,a=10,b=1;
p=&a;
a=*p+b;
printf("%d\n",a);
return 0;
}
```

（2）以下程序的运行结果是_____。

```
#include <stdio.h>
int main()
{
    int x[8]={8,7,6,5,4,3},*s;
    s=x+3;
    printf("%d\n",s[2]);
    return 0;
}
```

2. 程序填空

（1）以下程序的功能是交换两个指针所指存储单元中的内容，请将正确答案填在下面的横线上。

```
#include <stdio.h>
int main()
{
    int *x,*y;
    int m=1,n=2,t;
    ① _____ ;
    y=&n;
    printf("m=%d,n=%d\n",*x,*y);
    t=*y;
    ② _____ ;
    *x=t;
    printf("m=%d,n=%d\n",*x,*y);
}
```

（2）以下程序的功能是，通过指针操作找出 3 个整数中的最小值，请将正确答案填在下面的横线上。

```
#include <stdio.h>
int main()
```

```
{
    int *a,*b,*c,num,x,y,z;
    a=&x;
    b=&y;
    c=&z;
    printf("输入3个整数：");
    scanf("%d%d%d",a,b,c);
    printf("%d, %d, %d\n",*a,*b,*c);
    num=*a;
    if(*a>*b)      ①      ;
    if(num>*c)     ②      ;
    printf("输出最小整数：%d\n",num);
    return 0;
}
```

3. 程序设计

请通过指针操作统计某地区 2020—2024 年月最大降水量（见表 6-2-1）。请将实训过程填入表 8-1-3 中。

▶ 表 8-1-3　实训过程

程序代码	遇到的问题及解决办法

班级_____ 姓名_____ 学号_____

任务二 字符串纠错

 任务工单

一、任务描述

字符串实质上是存放在某存储区域的一串字符序列,所以可以用字符指针操作字符串,即通过字符指针访问该存储区域。本任务将带领大家学习字符指针和指针数组的使用方法,并编程实现字符串纠错,将非句首的大写字母转换成小写字母。

二、分组讨论

全班学生以3~5人为一组进行分组,各组选出组长。请组长组织组员查找相关资料,并预习知识链接,完成下列问题。

问题1:讨论字符指针与字符数组的区别。

问题2:讨论指针数组和数组指针的区别。

班级_____ 姓名_____ 学号_____

三、实践操作

使用 Visual C++ 2010，用指针编程将字符串"China Has Developed Rapidly In Recent Years!"转换成"China has developed rapidly in recent years!"。请将实践过程中遇到的问题和解决办法记录在表 8-2-1 中。

▶ 表 8-2-1　实践操作过程

序号	主要问题	解决办法
1		
2		
3		

四、任务评价

请各组选出一名代表展示实践操作的成果，并配合老师完成任务评价，将评价结果填入表 8-2-2 中。

▶ 表 8-2-2　任务评价

评价项目	评价内容	评价分数			
		分值	自评	互评	师评
职业素养考核项目（30%）	考勤、仪容仪表	10 分			
	安全意识、责任意识	10 分			
	团队合作与交流	10 分			
专业能力考核项目（70%）	积极参与教学活动	5 分			
	正确理解任务要求	5 分			
	认真查找任务所需资料并参与讨论	15 分			
	实践操作过程记录表的完成度	10 分			
	是否掌握字符指针的使用方法	10 分			
	是否掌握指针数组的使用方法	10 分			
	程序运行结果是否正确	15 分			
综合评分_____	自评（20%）+互评（20%）+师评（60%）	100 分			
综合评语		教师（签字）：			

项目八 指针——提高开发效率的妙招

知识链接

一、指针与字符串

指针操作字符串时，需要将字符串的首地址赋给一个指针，这样才能通过该指针引用字符串。例如：

指针与字符串

```
char *str;                    /*定义指针变量str*/
str="C language!";            /*给变量str赋初值*/
```

该语句等价于：

```
char *str="C language!";      /*初始化指针变量str */
```

此例中，str被定义为一个字符指针，它指向字符串常量中的首字符'C'，如图8-2-1所示。

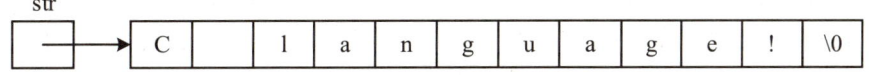

图 8-2-1　通过字符指针引用字符串

可通过指针名 str 访问这一存储区域，如*str 或 str[0]就是访问字符'C'，str[i]或*(str+i)就是访问字符串的第 i+1 个元素。

【例 8-2-1】　利用指针将两个字符串连接起来。

【问题分析】　本题可以定义两个指针变量 str1 和 str2，分别指向两个字符串；然后移动指针 str1 到第 1 个字符串的结束符处；最后将第 2 个字符串连接到第 1 个字符串的后面。

【参考程序】

```
#include <stdio.h>
int main()
{
   char a[50],b[30];         /*定义两个字符数组a和b*/
   char *str1,*str2;         /*定义两个指针变量*/
   printf("Enter string 1:");
   gets(a);                  /*输入字符数组a*/
   printf("Enter string 2:");
   gets(b);                  /*输入字符数组b*/
   str1=a;                   /*指针变量str1指向数组a的第一个元素*/
   str2=b;                   /*指针变量str2指向数组b的第一个元素*/
   while (*str1!='\0')
```

231

```
            str1++;              /*找到数组a的结束标记*/
            while (*str1++=*str2++);/*将str2连接到str1的后面*/
            printf("a+b=%s\n",a);  /*输出连接后的数组a*/
        }
```

【运行结果】 程序运行结果如图 8-2-2 所示。

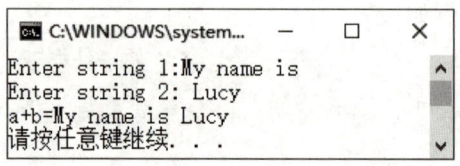

图 8-2-2　例 8-2-1 程序运行结果

高手点拨

使用字符指针时，注意字符指针与字符数组之间是有区别的。例如，有以下语句：
char *str="C language!";
char string[30]="This is a string.";
str 是一个字符指针，可以改变 str 使它指向不同的字符串，但不能改变 str 所指向的字符串常量的值。string 是一个字符数组，可以改变数组中保存的内容。

二、指针数组

如果数组中的每个元素均为指针类型，则称该数组为**指针数组**。定义一维指针数组的一般形式为

    类型标识符 *数组名[常量表达式];

例如：

    char *p[5];

表示定义一个由 5 个指针变量构成的指针数组，数组中的每个数组元素都是一个指向字符型数值的指针变量。

提示

数组指针和指针数组这两个词语很容易混淆。数组指针是一个指针变量，它指向的是某类型的数组，如"char (*p)[5];"；而指针数组的本质是一个由若干个指针变量组成的数组，数组中每个元素都是一个指针变量，如"char *p[5];"。

指针数组适合用来指向若干个字符串，使字符串处理起来更加方便、灵活。

【例 8-2-2】 编程实现键入一个 1~12 的整数,输出对应月份的英文。

【问题分析】 12 个月份可以用 12 个字符串表示,故可以用指针数组来表示一组字符串,指针数组的每个元素都指向一个字符串的首地址。

【参考程序】

```c
#include <stdio.h>
int main()
{
    int num;
    char *month[12]={"January","February","March","April","May","June","July","August","September","October","November","December"};     /*定义指针数组*/
    printf("Enter month:");
    scanf("%d",&num);                       /*输入整数变量 num 的值*/
    if(num>=1&&num<=12)                     /*判断 num 是否介于 1~12*/
        printf("%s\n",month[num-1]);        /*若是,则输出对应的字符串*/
    else
        printf("Input error!\n");           /*否则输出错误信息*/
    return 0;
}
```

【运行结果】 程序运行结果如图 8-2-3 所示。

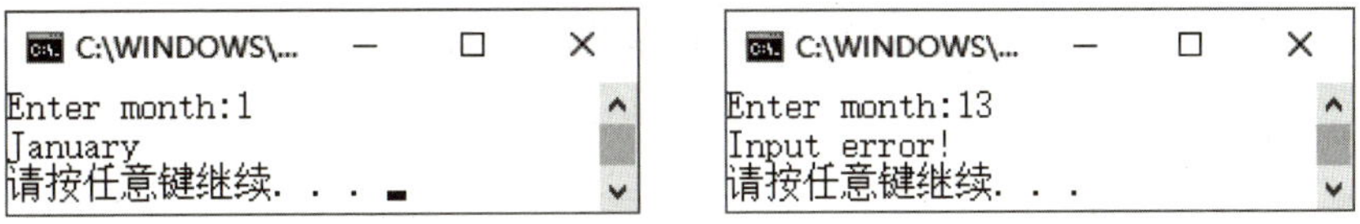

图 8-2-3　例 8-2-2 程序运行结果

任务实施

一、任务分析

将字符串中的大写字母转换成小写字母,须首先定义一个指针变量指向该字符串;然后从第 2 个元素开始逐个判断该字符是否是大写字母,若是,则需要转换成相应的小写字母;再利用指针判断下一个字符,直到遇到字符'\0'。

二、参考程序

```c
#include <stdio.h>
int main()
{
    char *p;                            /*定义指针变量p*/
    char string[45]="I Love Programming! ";  /*初始化字符串*/
    int i;                              /*定义整型变量i，用于存储循环次数*/
    p=string;                           /*指针p指向字符串string*/
    for(i=1;*(p+i)!='\0';i++)           /*循环判断字符串中的字符*/
        if(*(p+i)>='A'&&*(p+i)<='Z')    /*判断*(p+i)是否为大写字母*/
            *(p+i)+=32;                 /*若成立，则将*(p+i)转换成小写字母*/
    puts(string);                       /*输出字符串string*/
    return 0;
}
```

三、运行结果

程序运行结果如图 8-2-4 所示。

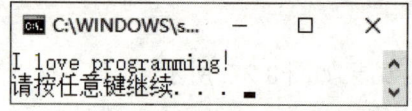

图 8-2-4　字符串纠错程序运行结果

任务实训

一、实训目的

（1）掌握字符指针的使用方法。
（2）掌握指针数组的使用方法。

二、实训内容

1. 阅读程序

（1）以下程序的运行结果是_____。

```c
#include <stdio.h>
int main()
```

```
{
    char a[]="Language",b[]="programe";
    char *p,*q;
    int k;
    p=a;q=b;
    for(k=0;k<8;k++)
        if(*(p+k)==*(q+k))
            printf("%c  ",*(p+k));
    return 0;
}
```

（2）从键盘输入 abcdefg↙，则以下程序的运行结果是_____。

```
#include <stdio.h>
int main()
{
    char str[50],*p,*s,c;
    printf("Enter string:");
    gets(str);
    p=s=str;
    while(*p)
        p++;
    p--;
    while(s<p)
    {
        c=*s;
        *s++=*p;
        *p--=c;
    }
    puts(str);
    return 0;
}
```

2．程序填空

以下程序用于计算 str 所指字符串的长度，请将正确答案填在下面的横线上。

```
#include <stdio.h>
int main()
```

```
{
    char *p;
    char str[]="Programming";
    for(p=str;    ①    ;p++);
    printf("%d",    ②    );
    return 0;
}
```

3. 程序设计

(1) 用指针实现,输入两个已经按从小到大顺序排列好的字符串,合并两个字符串,使合并后的字符串,仍按从小到大顺序排列。请将实训过程填入表 8-2-3 中。

▶ 表 8-2-3　实训过程 1

程序代码	遇到的问题及解决办法

(2) 用指针编程将一个字符串反向输出。请将实训过程填入表 8-2-4 中。

▶ 表 8-2-4　实训过程 2

程序代码	遇到的问题及解决办法

班级_____   姓名_____   学号_____

任务三 多角度统计人口增长率

任务工单

一、任务描述

指针不仅可以操作普通变量和数组，也可以作为函数的参数和返回值。本任务将带领大家学习指针变量作为函数参数和返回值的使用方法，以及指向函数的指针，并利用指针编程统计2019—2023年我国的人口增长率。2019—2023年我国人口信息如表8-3-1所示。

▶ 表8-3-1 2019—2023年我国人口信息　　　　　　　　　　　　　　　　　（单位：亿人）

年份	2019	2020	2021	2022	2023
总人口	14.1008	14.1212	14.1260	14.1175	14.0967
劳动力人口	9.9552	9.6871	9.6526	9.6289	9.6228
老年人口	1.7767	1.9064	2.0056	2.0978	2.1676

二、分组讨论

全班学生以3～5人为一组进行分组，各组选出组长。请组长组织组员查找相关资料，并预习知识链接，完成下列问题。

问题1：函数返回值可以是地址（指针类型），返回值为地址的函数定义形式为_____。

问题2：了解我国近年来的人口政策，试讨论面对劳动力人口逐年下降和老龄化问题，我们应该采取哪些措施？

班级_____ 姓名_____ 学号_____

三、实践操作

使用 Visual C++ 2010，编程统计 2019—2023 年我国的总人口、劳动力人口和老年人口的增长率。请将实践过程中遇到的问题和解决办法记录在表 8-3-2 中。

▶ 表 8-3-2　实践操作过程

序号	主要问题	解决办法
1		
2		
3		

四、任务评价

请各组选出一名代表展示实践操作的成果，并配合老师完成任务评价，将评价结果填入表 8-3-3 中。

▶ 表 8-3-3　任务评价

评价项目	评价内容	评价分数			
		分值	自评	互评	师评
职业素养考核项目（30%）	考勤、仪容仪表	10 分			
	安全意识、责任意识	10 分			
	团队合作与交流	10 分			
专业能力考核项目（70%）	积极参与教学活动	5 分			
	正确理解任务要求	5 分			
	认真查找任务所需资料并参与讨论	15 分			
	实践操作过程记录表的完成度	15 分			
	是否掌握指针变量在函数中的使用方法	15 分			
	程序运行结果是否正确	15 分			
综合评分_____	自评（20%）+互评（20%）+师评（60%）	100 分			
综合评语		教师（签字）：			

项目八 指针——提高开发效率的妙招

知识链接

一、指针变量作为函数参数

指针变量作为函数的参数时,其作用是将一个变量的地址传送到另一个函数中,即将实参指针指向的地址值传递给对应的形参指针,从而使形参指针和实参指针指向同一个内存地址。

指针变量作为函数参数

【例 8-3-1】 利用指针作为函数参数,编写 swap()函数交换两个变量的值。

【问题分析】 指针作为函数参数时,会将变量的地址传递到被调函数中。由于指针指向的单元和变量对应的单元相同,因此,可以在被调函数中通过指针运算符"*"修改主调函数中的变量值。

【参考程序】

```c
#include <stdio.h>
void swap(int *p1,int *p2)    /*定义swap()函数,交换两数的值*/
{
    int t;                    /*定义整型变量t*/
    t=*p1;                    /*实现交换*p1和*p2的值*/
    *p1=*p2;
    *p2=t;
}
int main()
{
    int i=2,j=3;              /*初始化整型变量i和j*/
    printf("Before Swap: i=%d,j=%d\n",i,j);
                              /*输出调用swap()函数前i和j的值*/
    swap(&i,&j);              /*调用swap()函数,参数为i和j的地址*/
    printf("After Swap: i=%d,j=%d\n",i,j);
                              /*输出调用swap()函数后i和j的值*/
    return 0;
}
```

【运行结果】 程序运行结果如图 8-3-1 所示。

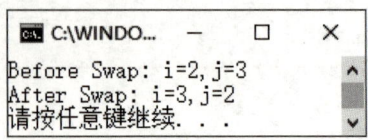

图 8-3-1　例 8-3-1 程序运行结果

【程序说明】　该程序中，swap()函数的形参为指向整型数据的指针，调用 swap()函数的实参为整型变量的地址。调用 swap()函数时，指针变量 p1 中存入变量 i 的地址，指针变量 p2 中存入变量 j 的地址，即指针变量 p1 指向变量 i，指针变量 p2 指向变量 j。

高手点拨

指针参数传递中，形参和实参共用同一存储单元，要从被调函数中获得多个值，可用多个指针变量作为函数参数，通过修改指针所指变量的值来返回多个值。

二、指针作为函数的返回值

一个函数既可以返回一个基本类型的数据，也可以返回一个指针类型的数据，即地址。将地址作为函数返回值时，该函数被称为**指针函数**。其定义形式为

```
数据类型 *函数名(形参列表)
{
    函数体;
}
```

其中，函数名前面的"*"表示该函数为指针函数，即返回值类型为指针，数据类型表明指针指向的类型。因此，函数的返回值是一个指向该数据类型的指针。

【例 8-3-2】　编写一个指针函数求两个一维数组对应元素之和。

【问题分析】　使用指针函数求两个一维数组对应元素之和，返回指向数组的指针变量。

【参考程序】

```c
#include <stdio.h>
int *sum(int *pa,int *pb,int *pc,int n)
                            /*定义 sum()函数，求两个数组对应元素之和*/
{
    int i;
    int *p=pc;              /*初始化指针变量 p*/
    for(i=0;i<n;i++)        /*循环计算*pa 和*pb 的和*/
    {
```

```
            *pc=*pa+*pb;
            pa++;
            pb++;
            pc++;
        }
        return p;              /*返回指针变量p*/
    }
    int main()
    {
        int i;
        int a[5]={1,2,3,4,5};   /*初始化数组a*/
        int b[5]={6,7,8,9,10};  /*初始化数组b*/
        int c[5],*p;            /*定义数组变量c和指针变量p*/
        p=sum(a,b,c,5);         /*调用sum()函数*/
        printf("a[5]:");
        for(i=0;i<5;i++)        /*循环输出数组a中的元素*/
            printf("%d ",a[i]);
        printf("\nb[5]:");
        for(i=0;i<5;i++)        /*循环输出数组b中的元素*/
            printf("%d ",b[i]);
        printf("\nsum: ");
        for(i=0;i<5;i++)
            printf("%d ",*p++); /*循环输出数组a和b的对应元素之和*/
        printf("\n ");
        return 0;
    }
```

【运行结果】 程序运行结果如图8-3-2所示。

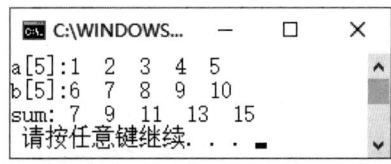

图 8-3-2 例 8-3-2 程序运行结果

三、指向函数的指针

如果程序中定义了一个函数，在编译时，编译系统会为该函数分配一段存储空间，这段存储空间的起始地址称为入口地址。当调用该函数时，系统会从这个入口地址开始执行该函数。存放函数入口地址的指针就是一个指向该函数的指针，简称**函数的指针**。其定义形式为

类型标识符 (*指针变量名)(函数参数列表);

例如：

int (*p)(int);

> **提示**
>
> 在C语言中，括号的优先级比*高，因此，"*指针变量名"外部必须用括号，否则指针变量名首先与后面的括号结合，就是前面介绍的"指针函数"。例如：
> int (*pf)();   /*定义一个指向函数的指针，该函数的返回值为整型数据*/
> int *f()   /*定义一个返回值为指针的函数，该指针指向一个整型数据*/

和变量的指针一样，函数的指针也必须赋初值，才能指向具体的函数。由于函数名代表了该函数的入口地址，故可直接用函数名为函数指针赋值。

例如：

```
double fun(int a);      /*函数声明*/
double (*p)(int);       /*定义函数指针*/
p=fun;                  /*p指向fun()函数*/
```

函数指针经定义和初始化之后，就可以在程序中引用了。引用函数指针的目的是调用指针所指的函数。用函数指针调用函数时，只须将"(*p)"代替函数名（p为指针变量名），在"(*p)"之后的括号中可根据需要写上实参。例如：

b=(*p)(a);   /*调用指针p指向的函数，实参为a*/

【例8-3-3】用指向函数的指针编程输出两个数中较大者。

【问题分析】 定义函数max()求两个数中的较大者；主函数定义指向函数的指针变量，使其指向该函数，并利用指针变量调用该函数。

【参考程序】

```
#include <stdio.h>
int main()
{
    int max(int,int);          /*函数声明*/
    int (*pf)(int,int);        /*定义函数指针*/
```

```
    int a,b,c;
    pf=max;                    /*将max()函数的入口地址赋给指针*/
    printf("please input a and b:");
    scanf("%d,%d",&a,&b);
    c=(*pf)(a,b);              /*用指针调用函数,实参为a和b*/
    printf("a=%d,b=%d,max=%d\n", a, b, c);
    return 0;
}
int max(int x,int y)           /*求较大值函数max()*/
{
    return (x>y)?x:y;          /*返回较大值*/
}
```

【运行结果】 程序运行结果如图 8-3-3 所示。

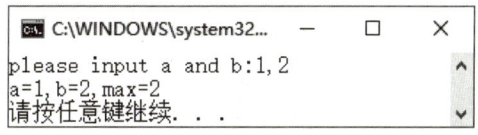

图 8-3-3 例 8-3-3 程序运行结果

【程序说明】 语句"c=(*pf)(a,b);"等价于"c=max(a,b);"。由此可知,当一个指针指向一个函数时,通过访问指针,就可以访问它指向的函数。

任务实施

一、任务分析

定义函数 Growth(),用来统计人口增长率;在主函数中调用此函数,统计总人口、劳动力人口和老年人口;每次调用后,指针指向下一行数组。函数的形参和实参定义为指针变量。

二、参考程序

```
#include <stdio.h>
void Growth(float *q)   /*定义Growth()函数,计算人口增长率*/
{
    int i;              /*定义整型变量i,统计循环次数*/
    float z[4];         /*定义数组变量z,存储人口增长率*/
```

```
    float *r;                /*定义指针变量r,指向数组z*/
    r=z;
    for(i=0;i<4;i++)         /*循环计算并输出的*(r+i)值*/
    {
        *(r+i)=(*(q+i+1)-*(q+i))/(*(q+i))*100;
        printf("%.3f%%    ",*(r+i));
    }
}
int main()                   /*定义main()函数*/
{
    float *p;                /*定义指针变量p*/
    char *t[3]={"总  人  口","劳动力人口","老年人口"};/*定义指针数组t*/
    int i;
    float x[3][5]={{14.1008,14.1212,14.1260,14.1175,14.0967},{9.9552,9.6871,9.6526,9.6289,9.6228},{1.7767,1.9064,2.0056,2.0978,2.1676}};
    p=x;                     /*指针变量p指向数组x*/
    printf("年       份：2020      2021      2022      2023\n");
    for(i=0;i<3;i++)
    {
        printf("%10s 增长率：",*(t+i));/*循环输出数组t中的元素*/
        Growth(p);           /*循环调用Growth()函数,p为实参*/
        p+=5;
        printf("\n");
    }
    return 0;                /*返回值0*/
}
```

三、运行结果

程序运行结果如图 8-3-4 所示。

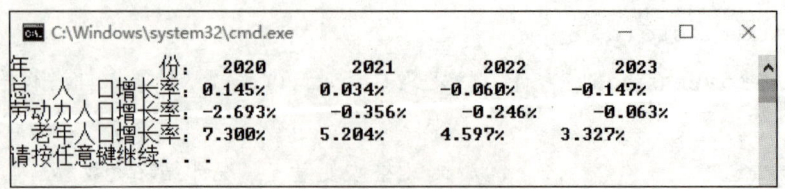

图 8-3-4 多角度统计人口增长率程序运行结果

和谐共生

由表 8-3-1 和程序运行结果可知,我国的人口总规模增长惯性减弱,甚至出现负增长。劳动年龄人口波动下降,老龄化程度不断加深。

了解人口增长、劳动力供给、老年人口规模,有助于准确分析和判断未来我国人口形势,准确把握人口发展变化的新情况、新特征和新趋势,对于调整完善人口政策,推动人口结构优化,促进人口素质提升具有重要意义。

▪任务实训▪

一、实训目的

(1)掌握指针变量作为函数参数和返回值的使用方法。
(2)掌握指向函数的指针的使用方法。

二、实训内容

1. 阅读程序

(1)以下程序的运行结果是_____。

```c
#include <stdio.h>
#include <math.h>
float fun1(float *a)
{
    return sqrt(*a);
}
int main()
{
    float x=10;
    float y;
    y=fun1(&x);
    printf("%.2f\n",y);
    return 0;
}
```

(2) 以下程序的运行结果是_____。

```c
#include <stdio.h>
void fun1(char *p)
{
    char *q;
    q=p;
    while(*q!='\0')
    {
        (*q)++;
        q++;
    }
}
int main()
{
    char a[]={"Program"},*p;
    p=&a[3];
    fun1(p);
    printf("%s\n",a);
    return 0;
}
```

2. 程序填空

定义 compare() 函数，比较两个字符串大小，在主函数中调用该函数，请将正确答案填在下面的横线上。

```c
#include <stdio.h>
int compare(char *s1,char *s2)
{
    while(*s1&&*s2&&____①____)
    {
        s1++;
        ____②____;
    }
    return ____③____;
}
int main()
```

项目八　指针——提高开发效率的妙招

```
{
    int a;
    a=compare("xyzu", "xyabc");
    if(a>0)
        printf("字符串1大于字符串2");
    else if(a==0)
        printf("字符串1等于字符串2");
    else
        printf("字符串1小于字符串2");
    return 0;
}
```

3．程序设计

利用函数指针编程，判断字符串是否为回文字符串，若是则函数返回1，否则返回0。请将实训过程填入表8-3-4中。

▶ 表8-3-4　实训过程

程序代码	遇到的问题及解决办法

项目考核

一、选择题

（1）假设整型变量a的值是12，地址是100，若想使整型指针变量p指向a，则以下赋值正确的是（　　）。

　　　A．&a=100;　　　　B．*p=12;　　　　C．*p=100;　　　　D．p=&a;

(2) 若有定义"int x=0,*p=&x;",则语句"printf("%d\n",*p);"的输出结果是（   ）。
   A. 随机值   B. 0   C. x 的地址   D. p 的地址
(3) 若有定义"int a[5];",则数组 a 中首元素的地址可以表示为（   ）。
   A. &a   B. a+1   C. a   D. &a[1]
(4) 若有定义"int a[ ]={1,3,5,7,9,11}, *p=a;",则能够引用该数组元素的是（   ）。
   A. a   B. a[6]   C. *(p—)   D. *(—p)
(5) 以下定义语句错误的是（   ）。
   A. int *p=&x,x;   B. int x,*p=&x;
   C. int *p,x=10;   D. int *p,x;
(6) 设有定义"int n1=0,n2,*p=&n2,*q=&n1;",以下赋值语句中与"n2=n1;"语句等价的是（   ）。
   A. *p=*q;   B. p=q;   C. *p=&n1;   D. p=*q;
(7) 以下程序中调用 scanf()函数给变量 a 输入数值的方法是错误的，原因是（   ）。

```
#include <stdio.h>
int main()
{
    int *p,q,a,b;
    p=&a;
    scanf("%d",*p);
    ...
}
```

   A. *p 表示的是指针变量 p 的值
   B. *p 表示的是指针变量 p 的地址
   C. *p 只能用来说明 p 是一个指针变量
   D. *p 表示的是变量 a 的值，而不是变量 a 的地址
(8) 语句"int (*p)();"的含义是（   ）。
   A. p 是一个指向一维数组的指针变量
   B. p 是指针变量，指向一个整型数据
   C. p 是一个指向函数的指针，该函数的返回值是一个整型
   D. 以上都不对

二、编程题

本项目习题均要求用指针实现。
（1）输入 3 个整数，按从大到小的顺序输出。

（2）指向二维数组的指针作函数参数，要求输出任意一个 2 行 5 列的二维数组中的最大值。

（3）编写函数，实现对两个字符串的比较，若两个字符串相等，则返回 1，否则返回 0。

（4）编写程序验证卡布列克常数。任意一个 4 位数，只要各个数位上的数字不完全相同，如果对它的每位数字重新排序，组成一个最大数和一个最小数，然后用最大数减去最小数（差不够四位数时补零），以此类推下去，最后将变成一个固定的数：6174。例如，四位数为 1234，即 4321-1234=3087；8730-378=8352；8532-2358=6174。

项目九

构造数据类型——解决现实问题的最佳选择

项目导读

C 语言中除基本数据类型之外,还包括了构造数据类型。其中,基本数据类型(如 int、float、double、char 等)是 C 语言事先规定好的,用户可以在程序中用它们定义变量,解决一般的问题。但是,当要处理的问题比较复杂,特别是处理不同类型的关联数据时,构造数据类型是最佳选择。

知识目标

- 掌握结构体类型变量的声明、定义、初始化和引用方法。
- 掌握结构体数组的定义、初始化和引用方法。
- 掌握结构体指针的基本应用。
- 掌握共用体和枚举类型变量的定义、初始化和引用方法。
- 掌握使用 typedef 关键字声明新类型名的方法。
- 了解链表的基本结构和相关操作。

能力目标

- 能利用构造数据类型编写程序。
- 掌握处理动态链表的方法。

素质目标

- 通过学习构造数据类型,提高选择合适方法解决不同问题的能力。
- 增强防范意识、责任意识和法律意识。

班级_____   姓名_____   学号_____

任务一　简单模拟员工信息查询系统

任务工单

一、任务描述

在解决实际问题时，常常需要将多个相关联的、不同类型的数据组合成一个整体来使用，C 语言允许用户自己建立由不同类型数据组成的组合型数据结构，称为**结构体**（structure）。本任务将带领大家学习结构体变量、结构体数组和结构体指针的相关知识，并编程模拟员工信息查询系统，某公司的员工信息如表 9-1-1 所示。

▶ 表 9-1-1　员工信息

编号	姓名	部门	入职时间
001	王子恒	行政部	2018-10-22
002	徐　欣	销售部	2019-3-1
003	刘　宇	研发部	2022-12-1
004	张　扬	销售部	2022-7-11

二、分组讨论

全班学生以 3~5 人为一组进行分组，各组选出组长。请组长组织组员查找相关资料，并预习知识链接，完成下列问题。

问题 1：若要引用结构体类型数据，须先_____结构体变量。

问题 2：若定义了一个结构体变量和一个指向结构体变量的指针，则可以用以下 3 种形式访问结构体成员：

（1）利用结构体变量与成员运算符相结合的方式，基本格式为_____。

（2）利用结构体指针与成员运算符相结合的方式，基本格式为_____。

（3）利用结构体指针与指向运算符相结合的方式，基本格式为_____。

班级_____   姓名_____   学号_____

三、实践操作

使用 Visual C++ 2010，编程实现查询编号为 002 的员工信息。请将实践过程中遇到的问题和解决办法记录在表 9-1-2 中。

▶ 表 9-1-2 实践操作过程

序号	主要问题	解决办法
1		
2		
3		

四、任务评价

请各组选出一名代表展示实践操作的成果，并配合老师完成任务评价，将评价结果填入表 9-1-3 中。

▶ 表 9-1-3 任务评价

评价项目	评价内容	评价分数			
		分值	自评	互评	师评
职业素养考核项目（30%）	考勤、仪容仪表	10 分			
	安全意识、责任意识	10 分			
	团队合作与交流	10 分			
专业能力考核项目（70%）	积极参与教学活动	5 分			
	正确理解任务要求	5 分			
	认真查找任务所需资料并参与讨论	15 分			
	实践操作过程记录表的完成度	15 分			
	是否掌握结构体变量的定义和使用方法	5 分			
	是否掌握结构体数组的定义和使用方法	5 分			
	是否掌握结构体指针的定义和使用方法	5 分			
	程序运行结果是否正确	15 分			
综合评分_____ 自评（20%）+互评（20%）+师评（60%）		100 分			
综合评语		教师（签字）：			

一、结构体变量

1. 结构体类型的声明

结构体是构造数据类型,它与数组的区别在于其成员可以不是同一种数据类型。几乎每个结构体都有一个名字,称为结构体名,所有成员都组织在该名字之下。结构体成员是组成结构体的要素,它们的数据类型可以相同,也可以不同。每个成员都有自己的名字,称为结构体成员名。声明一个结构体类型的一般形式为

结构体类型(1)

```
struct 结构体名
{
    数据类型 成员1的名字;
    数据类型 成员2的名字;
    数据类型 成员3的名字;
    ……
};
```

结构体名是由用户指定的,又称"结构体标记",大括号内是该结构体所包括的子项,即结构体成员。例如:

```
struct Stu
{
    int num;           /*学号为整型*/
    char name[20];     /*姓名为字符串*/
    char sex;          /*性别为字符型*/
    int age;           /*年龄为整型*/
    float score;       /*成绩为浮点型*/
};
```

其中,Stu 为结构体名,它包含了 5 个成员,即 num、name[20]、sex、age 和 score。结构体成员的定义方式与变量的定义方式相同,只是不能初始化。

这里的 struct Stu 是根据实际需要定义的一种新的数据类型,它相当于一个模型,但其中并无具体的数据,系统会为它分配实际内存单元。它的功能相当于 int、float 等,可以用 struct Stu 这种结构体数据类型来定义相应的结构体变量。

> **提示**
>
> （1）结构体成员的类型可以是整型、浮点型、字符型、数组、指针、结构体或共用体等。因此，结构体可以嵌套使用，即一个结构体变量也可以成为另一个结构体变量的成员。
>
> （2）结构体成员名可以与程序中其他变量同名，系统会自动识别它们，两者不会混淆。
>
> （3）结构体声明既可以在函数内部进行，也可以在函数外部进行。在函数内部声明的结构体，只对函数内部可见；在函数外部声明的结构体，对声明点到源文件结束之间的所有函数都是可见的。因此，一般在源文件的首部对结构体进行声明。
>
> （4）在编写较大规模程序时，常常将结构体类型声明放在一个头文件中，若想在其他源文件中使用该结构体类型，可用#include命令将该头文件包含到源文件中。

2. 结构体变量的定义

定义结构体变量的形式主要有以下两种。

（1）先声明结构体类型再定义变量。例如，对已声明的结构体类型 struct Stu，可以用该数据类型来定义变量。

```
struct Stu S1,S2;          /*定义结构体变量S1和S2*/
```

其中 struct Stu 是结构体数据类型，即说明变量的数据类型；S1 和 S2 是结构体变量名。这样 S1 和 S2 就具有了 struct Stu 类型的结构，如图 9-1-1 所示。

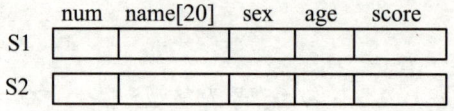

图 9-1-1　结构体变量 S1 和 S2 的结构

在定义了结构体变量之后，系统会为之分配内存单元。结构体变量所占字节数为所有成员所占字节数的总和。例如，在 Visual C++ 2010 中，变量 S1 占 33 个字节（4+20+1+4+4=33）。

这种方式是将结构体声明与结构体变量定义分开，在声明类型后可以随时定义变量，相对比较灵活。

> **提示**
>
> 通常，结构体变量实际所占的内存空间会大于或等于所有成员所占内存字节数的总和，可用 sizeof() 函数来获取，即 sizeof(结构体名)。

（2）在声明结构体类型的同时定义变量。其一般形式为

```
struct 结构体名
{
    数据类型 成员1的名字;
    数据类型 成员2的名字;
    数据类型 成员3的名字;
    ……
}结构体变量名列表;
```

例如：

```
struct Stu
{
    int num;              /*学号为整型*/
    char name[20];        /*姓名为字符串*/
    char sex;             /*性别为字符型*/
    int age;              /*年龄为整型*/
    float score;          /*成绩为浮点型*/
}S1,S2;                   /*定义结构体变量S1和S2*/
```

本例中结构体数据类型名为 struct Stu，用它定义了两个结构体变量 S1 和 S2。声明结构体类型和定义变量放在一起进行，能够直接看到结构体的结构，比较直观，适合在编写小型程序时使用。

拓展阅读

也可以不指定结构体名而直接定义结构体类型变量。例如：

```
struct
{
    …
}S1,S2;
```

由于此种方式指定了一个无名的结构体类型，显然不能再以此结构体类型去定义其他变量，故较少使用。

3．结构体变量的初始化

在定义结构体变量的同时，可以对其赋值，即初始化结构体变量。
其一般形式为

struct 结构体名 结构体变量名={初始数据};

结构体类型（2）

例如，在声明了学生信息的结构体后，可执行以下语句初始化结构体变量 S1。

```
struct Stu S1={201701,"Wangwu",'M',18,85}; /*定义结构体变量 S1
并对其进行初始化*/
```

或在定义结构体变量时进行初始化。例如：

```
struct Stu
{
   …
}S1={201701,"Wangwu",'M',18,85};/*定义结构体变量S1并对其进行初始化*/
```

初始化结构体变量时，数据之间要用逗号隔开，数据的个数要与被赋值的结构体成员的个数相等，且数据类型要与相应结构体成员的数据类型一致。

4. 结构体变量的引用

定义了结构体变量后，就可以引用该变量了。对结构体变量的赋值、存取或运算，实质上是对结构体成员的操作。访问结构体变量的成员，需使用"成员运算符"（也称"圆点运算符"），其一般形式为

```
结构体变量名.成员名
```

例如，S1 为 struct Stu 类型的结构体变量，则 S1.num 表示 S1 变量中 num 成员，在程序中可以用以下方式对变量的成员进行赋值。

```
S1.num=201701;
```

> **提示**
>
> 结构体变量不能作为整体进行输入和输出，但允许对具有相同结构体类型的变量进行整体赋值。例如：
>
> ```
> printf("%d%s%c%d%d",S1);     /*错误，结构体变量不能作为整体进行输入和输出*/
> S2=S1;                        /*正确，假设 S1 和 S2 是同类型的结构体变量*/
> ```
>
> 如果成员本身又是一个结构体类型，则要用若干个成员运算符，一级一级地找到最低一级的成员，只能对最低级的成员进行赋值、存取或运算。例如：
>
> ```
> student.grade.final=87;      /*为结构体变量 student 中成员 grade（结构体变量）
> 中的成员 final 赋值*/
> ```

【例 9-1-1】 比较两个学生的成绩，输出成绩较高的学生的学号、姓名、性别、年龄和成绩。

【问题分析】 首先声明结构体类型，成员包括学生的学号、姓名、性别、年龄和成绩；然后初始化两个学生信息 S1 和 S2；最后比较两个学生的成绩，如果 S1 的成绩高于 S2 的成绩，则输出 S1 的全部信息，如果 S2 的成绩高于 S1 的成绩，则输出 S2 的全部信息，如果两者相等，则输出"得分相同！"。

【参考程序】

```c
#include <stdio.h>
struct Stu                          /*声明结构体数据类型struct Stu*/
{
    int num;                        /*学号为整型*/
    char name[20];                  /*姓名为字符串*/
    char sex;                       /*性别为字符型*/
    int age;                        /*年龄为整型*/
    float score;                    /*成绩为浮点型*/
};
int main()
{
    struct Stu S1={201701,"李×文",'M',18,85},S2={201702,"刘×毅",'M',19,91};                /*初始化S1和S2*/
    printf("较高分是:");
    if(S1.score>S2.score)           /*如果S1的成绩高于S2*/
        printf("%d,%s,%c,%d,%f\n",S1.num,S1.name,S1.sex,S1.age,S1.score);                /*输出S1的全部信息*/
    else if(S1.score<S2.score)      /*如果S2的成绩高于S1*/
        printf("%d,%s,%c,%d,%f\n",S2.num,S2.name,S2.sex,S2.age,S2.score);                /*输出S2的全部信息*/
    else                            /*如果两者相同,输出"得分相同!"*/
        printf("得分相同!");
    return 0;
}
```

【运行结果】 程序运行结果如图9-1-2所示。

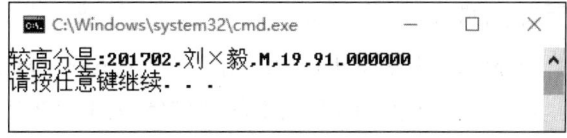

图9-1-2 例9-1-1程序运行结果

二、结构体数组

如同多个数据类型一致的普通变量可用数组存储一样,多个数据类型一致的结构体变量也可以用数组存储,这就是结构体数组。结构体数组中

结构体数组

每个数组元素都是一个结构体类型的变量。

1. 结构体数组的定义

结构体数组必须"先定义后使用"。其定义方法与定义结构体变量的方法类似。例如，例 9-1-1 中的两个学生信息用结构体数组可定义如下：

```
struct Stu s[2];              /*定义结构体数组*/
```

也可以直接定义一个结构体数组，例如：

```
struct Stu
{
    int num;                  /*学号为整型*/
    char name[20];            /*姓名为字符串*/
    char sex;                 /*性别为字符型*/
    int age;                  /*年龄为整型*/
    float score;              /*成绩为浮点型*/
}s[2];                        /*定义结构体数组*/
```

2. 结构体数组的初始化

结构体数组也可以在定义的同时进行赋值，即对结构体数组进行初始化。例如：

```
struct Stu s[2]={{201701,"李×文",'M',18,85},{201702,"刘×毅",'M',19,91}};
```

初始化后的数组如图 9-1-3 所示。

	num	name[20]	sex	age	score
s[0]	201701	李×文	M	18	85
s[1]	201702	刘×毅	M	19	91

图 9-1-3 结构体数组

3. 结构体数组的引用

结构体数组的引用方法与结构体变量的引用方法类似，其一般形式为

```
结构体数组名[下标].成员名
```

【例 9-1-2】 用结构体数组计算图 9-1-3 所示的两个学生的平均成绩。

【问题分析】 可以定义一个包含两个元素的结构体数组，每个元素即为一个学生的信息。

【参考程序】

```
#include <stdio.h>
struct Stu
{
```

```
    int num;              /*学号为整型*/
    char name[20];        /*姓名为字符串*/
    char sex;             /*性别为字符型*/
    int age;              /*年龄为整型*/
    float score;          /*成绩为浮点型*/
};
int main()
{
    int i;
    float sum=0.0;
    struct Stu s[2]={{201701,"李×文",'M',18,85},{201702,"刘×毅",'M',19,91}};                    /*对结构体数组进行初始化*/
    for(i=0;i<2;i++)
        sum=sum+s[i].score;           /*计算两个学生的成绩总和*/
    printf("平均分为%5.1f\n",sum/2.0); /*输出平均分*/
    return 0;
}
```

【运行结果】 程序运行结果如图 9-1-4 所示。

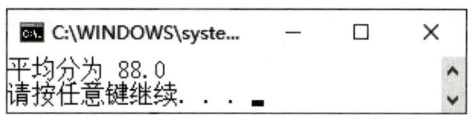

图 9-1-4 例 9-1-2 程序运行结果

三、结构体指针

结构体指针就是指向结构体变量的指针，该指针变量的值是结构体变量的起始地址，其目标变量是一个结构体变量。

1. 指向结构体变量的指针

指向结构体变量的指针，其变量类型必须与结构体变量的类型相同。例如，定义一个指向结构体类型 struct Stu 的指针变量的方法如下：

```
struct Stu *p;        /*定义指针变量p，指向struct Stu类型的变量*/
```

此处只是定义了一个指向 struct Stu 结构体类型的指针变量 p，但此时的 p 并没有指向一个确定的存储单元。为了使 p 指向一个确定的存储单元，需要对指针变量进行初始化。例如：

```
struct Stu S1;        /*定义结构体变量S1*/
```

```
struct Stu *p=&S1;          /*定义指针变量p,指向结构体变量S1*/
```

除"成员运算符"之外,C语言还规定了另一种用于访问结构体成员的运算符,即"指向运算符",也称"箭头运算符",其访问形式为

指向结构体的指针变量名->成员名

以下3条语句的作用完全相同。

```
S1.num=201701;              /*使用成员运算符访问结构体成员*/
(*p).num=201701;            /*p是指向结构体变量S1的指针,即*p=S1*/
p->num=201701;              /*使用指向运算符访问结构体成员*/
```

提示

由于成员运算符"."比指针运算符"*"优先级高,因此,*p必须使用括号括起来。

2. 指向结构体数组的指针

指向结构体对象的指针变量既可指向结构体变量,也可指向结构体数组中的元素。例如,以下语句定义了一个结构体数组s[3]和结构体指针p,并使p指向结构体数组的首地址。

```
struct Stu s[3],*p;         /*定义结构体数组s[3]和指针变量p*/
p=s;                        /*指针变量p指向结构体数组的首地址*/
```

其中,p是指向结构体数组s的指针变量,即将数组s第1个元素的起始地址赋给p。若执行p++,则p的值等于s+1,也就是指向s[1]。指针p与结构体数组的关系如图9-1-5所示。

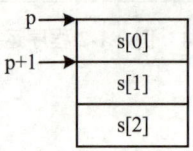

图9-1-5 指针与结构体数组的关系

3. 结构体作为函数参数

与其他数据类型一样,结构体类型也可以作为函数参数的类型和返回值的类型。结构体作为函数参数时,常用指向结构体变量(或数组元素)的指针作为函数实参,其实质是向函数传递结构体的地址,采用的是"地址传递"方式,所以在函数内部修改形参结构体成员的值,将影响到实参结构体成员的值。

【例9-1-3】 结构体数组中存放了3个学生的信息,请输出学生的全部信息。要求在主函数中赋初始值,然后在自定义函数show()中将它们逐一输出。

【问题分析】 首先可声明结构体类型struct Stu,并定义结构体数组。在主函数中初

始化数组，并定义一个结构体指针变量 p，使 p 指向结构体数组。p 作为函数实参，将结构体数组的首地址传给 show()函数，然后在 show()函数中实现数组元素的输出。

【参考程序】

```c
#include <stdio.h>
struct Stu
{
    int num;                    /*学号为整型*/
    char name[20];              /*姓名为字符串*/
    char sex;                   /*性别为字符型*/
    int age;                    /*年龄为整型*/
    float score;                /*成绩为浮点型*/
};
void show(struct Stu *q)        /*定义 show()函数用于输出信息*/
{
    int i;
    for(i=0;i<3;i++)            /*循环 3 次*/
    {
        printf("学号:%d\t姓名:%s\t性别:%c\t年龄:%d\t成绩:%0.1f\n",
q->num,q->name,q->sex,q->age,q->score);    /*输出结构体成员信息*/
        q++;                    /*使 q 指向结构体数组的下一个元素*/
    }
}
int main()
{
    struct Stu s[3]={{201701,"Wangwu",'M',18,85},{201702,
"Lizhou",'M',19,91},{201703,"Zhangwen",'F',18,83}};
                                /*结构体数组初始化*/
    struct Stu *p;              /*定义结构体指针变量 p*/
    p=s;                        /*指针变量 p 指向结构体数组 s*/
    show(p);                    /*调用 show()函数*/
    return 0;
}
```

【运行结果】 程序运行结果如图 9-1-6 所示。

图 9-1-6　例 9-1-3 程序运行结果

拓展阅读

　　在 C 语言中，为节省内存空间，有时会将几种不同类型的数据存放在同一段内存单元中，此时，可以定义共用体类型来存储这些数据；如果一个变量只有有限个可能的数据，也可以将这些值一一列举出来，即将该变量定义为枚举类型。

共用体和枚举类型

　　在 C 语言中，有时会使用关键字 typedef 为系统固有的或自定义数据类型定义一个别名。数据类型的别名通常使用首字母大写的方式表示（不是必须的），以便与系统提供的标准类型标识符相区别。声明一个新类型名的一般形式如下：

　　typedef 类型名 新类型名；

　　例如：

　　typedef int Integer;　　　　　/*为 int 数据类型定义一个新名字 Integer*/
　　Integer a;　　　　　　　　　　/*定义一个 int 型的变量*/

　　上例是一个简单的用新类型名代替原有类型名的例子。在 C 语言中，一些比较复杂的数据类型，如结构体类型、共用体类型、枚举类型等，难以理解，容易写错，也可以用一个简单的名字代替。例如：

　　typedef struct student Stu;　　/*为结构体类型 struct student 定义一个新名字 Stu*/
　　Stu S1,S2;　　　　　　　　　　/*定义结构体类型变量 S1 和 S2*/

　　使用 typedef 为数据类型定义别名有助于增强程序的通用性与可移植性。例如，有的系统中 int 型数据占 2 个字节，有的系统中 int 型数据占 4 个字节。如果把一个 C 程序从一个以 4 个字节存放整数的系统移植到一个以 2 个字节存放整数的系统中，程序很可能会因为数据溢出等问题而导致错误。这时就需要修改程序，一般的处理办法是，将定义变量中的每个 int 改成 long，如果程序中有多处 int 定义，则需要改动多处。若编写程序时，用 Integer 来代替 int，程序中所有整型变量都用 Integer 定义，则在移植时只须改动 typedef 声明，将"typedef int Integer;"改为"typedef long Integer;"即可。

项目九　构造数据类型——解决现实问题的最佳选择

任务实施

一、任务分析

某公司的员工信息中，由于数据类型不尽相同，故可使用结构体类型存储数据。从键盘输入要查询员工的编号，然后判断员工信息结构体中"编号"成员的值是否与输入的编号值相等，若相等则输出该员工的信息，否则输出"没有查询到该员工的信息"。"入职时间"是一个嵌套的结构体变量，引用时须找到最低一级的成员。

二、参考程序

```c
#include <stdio.h>
#include <string.h>
struct day                          /*声明日期结构体*/
{
    int year;                       /*年为整型*/
    int month;                      /*月为整型*/
    int date;                       /*日为整型*/
};
struct people                       /*声明员工信息结构体*/
{
    char id[10];                    /*编号为字符串*/
    char name[15];                  /*姓名为字符串*/
    char department[20];            /*部门为字符串*/
    struct day date1;               /*入职时间为结构体*/
};
int main()
{
    int i,n=0;
    char no[5];
    struct people person[4]={{"001","王子恒","行政部",{2018,10,22}},{"002","徐欣","销售部",{2019,3,1}},{"003","刘宇","研发部",{2022,12,1}},{"004","张扬","销售部",{2022,7,11}}};
    printf("请输入要查询的员工编号(员工编号为3位数字):");
    gets(no);
```

```
    for(i=0;i<4;i++)                /*循环输出员工信息*/
        if(strcmp(no,person[i].id)==0)
        {
            printf("编    号:%s\n",person[i].id);
            printf("姓    名:%s\n",person[i].name);
            printf("部    门:%s\n",person[i].department);
            printf("入职时间:%d-%d-%d\n",person[i].date1.year
,person[i].date1.month,person[i].date1.date);
            n++;
        }
    if(n==0)
        printf("没有查询到该员工的信息!\n");
    return 0;
}
```

三、运行结果

程序运行结果如图 9-1-7 所示。

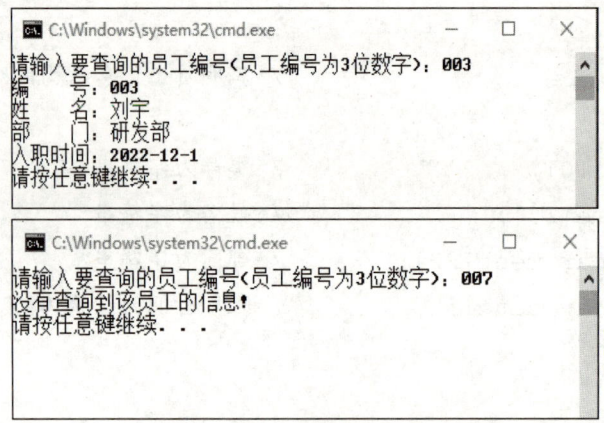

图 9-1-7 简单模拟员工信息查询系统程序运行结果

任务实训

一、实训目的

（1）掌握结构体变量和结构体数组的使用方法。
（2）掌握结构体指针的使用方法。

二、实训内容

1. 程序填空

以下程序用于输出年龄最大的人员信息。请将正确答案填在下面的横线上。

```
#include <stdio.h>
struct man
{
   char name[20];
   int age;
}person[]={"Zhanghua",20,"Liuyang",25,"Sunpeng",19};
int main()
{
   struct man *p,*q;
   int old=0;
   for(p=person;____①____;p++)
      if(old<p->age)
      {
          q=p;
          ____②____;
      }
   printf("%s %d",q->name,q->age);
   return 0;
}
```

2. 程序设计

表 9-1-4 为某单位的招聘考试结果,请输出总成绩(笔试成绩+面试成绩)最高的考生信息。请将实训过程填入表 9-1-5 中。

▶ 表 9-1-4 某单位的招聘考试结果

编号	姓名	笔试成绩	面试成绩
1501	王虎	89	92
1502	李雪	87	96
1503	张扬	82	85

▶ 表 9-1-5　实训过程

程序代码	遇到的问题及解决办法

班级_____   姓名_____   学号_____

任务二　模拟约瑟夫环游戏

任务工单

一、任务描述

链表（linked list）是一种常见的数据结构，它是一组结点（node）的序列，除最后一个结点之外，其他结点里都存放着下一个结点的地址指针（pointer），这样能很好地解决存储单元不连续的问题。本任务将带领大家学习链表的概念和处理动态链表的函数，并编程模拟约瑟夫环游戏。

二、分组讨论

全班学生以 3~5 人为一组进行分组，各组选出组长。请组长组织组员查找相关资料，并预习知识链接，完成下列问题。

问题 1：什么是链表？单向链表的特点是什么？

问题 2：描述约瑟夫环游戏的背景和游戏规则。

问题 3：若某部门 30 人（以编号 1、2、3…30 分别表示）玩约瑟夫环游戏，从编号为 1 的人开始顺时针报数，数到 5 的那个人出列；他的下一个人又从 1 开始报数，数到 5 的那个人又出列；依此规律重复下去，试计算最终剩下的人的原始编号是多少。

班级_____ 姓名_____ 学号_____

三、实践操作

使用 Visual C++ 2010，编程实现上述"问题 3"。请将实践过程中遇到的问题和解决办法记录在表 9-2-1 中。

▶ 表 9-2-1　实践操作过程

序号	主要问题	解决办法
1		
2		
3		

四、任务评价

请各组选出一名代表展示实践操作的成果，并配合老师完成任务评价，将评价结果填入表 9-2-2 中。

▶ 表 9-2-2　任务评价

评价项目	评价内容	评价分数			
		分值	自评	互评	师评
职业素养考核项目（30%）	考勤、仪容仪表	10 分			
	安全意识、责任意识	10 分			
	团队合作与交流	10 分			
专业能力考核项目（70%）	积极参与教学活动	5 分			
	正确理解任务要求	5 分			
	认真查找任务所需资料并参与讨论	15 分			
	实践操作过程记录表的完成度	15 分			
	是否掌握处理动态链表的方法	15 分			
	程序运行结果是否正确	15 分			
综合评分_____　自评（20%）+互评（20%）+师评（60%）		100 分			
综合评语		教师（签字）：			

项目九　构造数据类型——解决现实问题的最佳选择

知识链接

一、链表概述

链表可分为单向链表、双向链表、循环链表等多种形式，其中单向链表是最简单和常用的一种链表，其结构如图 9-2-1 所示。

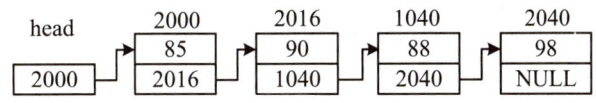

图 9-2-1　单向链表的结构

链表有一个"头指针"变量（head），它存放一个指向链表中第 1 个元素的指针（地址）。构成链表的元素称为"结点"，图 9-2-1 中有 4 个结点，每个结点都包括两个部分：数据域和指针域。其中，数据域用来存储用户需要使用的数据，指针域用来存储下一个结点的地址。由图 9-2-1 可知，头指针指向第 1 个结点，第 1 个结点又指向第 2 个结点……直到最后一个结点，该结点不再指向其他结点，称其为"表尾"，它的指针域为"NULL"，表示链表到此结束。

以图 9-2-1 所示结点为例，若数据域为 int 类型，指针域用指针类型表示，而该指针指向的数据对象与结点本身的数据类型相同，故声明如下。

```
struct node                    /*声明结构体类型*/
{
    int score;                 /*成绩为整型*/
    struct node *next;         /*指向下一个结点的指针*/
};
```

二、动态链表处理函数

链表有时并不是一开始创建时就设定好了它的大小，而是根据结点的多少，在程序执行过程中从无到有创建起来的，即动态创建每个结点和输入各结点数据，并建立起前后相连的关系，这类链表称为动态链表。

动态链表是动态分配存储空间的，即在需要时才开辟一个结点的存储单元。动态分配和释放存储空间可通过调用系统提供的库函数来实现。这些库函数主要包括 malloc()、calloc()、free() 和 realloc()，如表 9-2-3 所示。

▶ 表 9-2-3　动态链表处理函数

函数原型	功能	举例
void *malloc(unsigned int size);	在内存的动态存储区中分配一个长度为 size 的连续空间	malloc(16);
void calloc(unsigned n,unsigned size);	在动态存储区中分配 n 个长度为 size 的连续空间	p=calloc(30,4);
void free(void *p);	释放 p 指向的存储区	free(p);
void *realloc(void *p,unsigned int size);	将 p 所指向的动态空间的大小改变为 size，p 的值不变	realloc(p,50);

提示

　　malloc()、calloc()、free()和 realloc()函数的声明都在 stdlib.h 头文件中，在用到这些函数时，须用"#include <stdlib.h>"命令将头文件包含到程序文件中。

三、动态链表的建立

　　建立动态链表的过程是一个一个地开辟结点和输入各结点数据，并建立起前后相连的关系。

　　【例 9-2-1】　建立一个包含 N 个整型数据的单链表，并输出该链表。

　　【问题分析】　首先定义 struct node 结构体类型，包括一个整型成员和一个指向 struct node 型的指针成员；然后定义 creatList()函数创建单链表，定义 printList()函数输出单链表。

　　在 creatList()函数中可设 3 个 struct node 型指针变量 head、s 和 r。其中，head 为头结点指针，s 为当前结点指针，r 为前一个结点的指针。该函数可由以下 3 个步骤实现。

　　（1）用 malloc()函数为头结点分配内存空间，使 head 指向头结点，随后 r 也指向头结点。

　　（2）用 malloc()函数分配一个新结点的内存空间，使 s 指向该结点（s 结点为当前结点），输入 s 结点的数据，然后让 r 的 next 域指向 s，r 再指向 s 结点。

　　（3）重复过程（2），直到创建完 N 个整型数据的单链表。

提示

　　在动态创建单链表时，为了方便操作，通常会在单链表的第一个结点前加入一个"头结点"，头结点的类型与数据结点一致，在指针变量 head 中存放该结点的地址。

　　在 printList()函数中，首先要知道链表第 1 个结点的地址，即 head 的值；然后设一个指针变量 p，先指向第一个结点，输出 p 所指结点的数值；接着使 p 后移一个结点，再输出，直到链表的尾结点。

【参考程序】

```c
#include <stdio.h>
#include <stdlib.h>          /*包含动态内存分配函数的头文件*/
#define N 5                  /*单链表中结点的个数（不包括头结点）*/
struct node                  /*声明结构体类型 struct node*/
{
   int data;
   struct node *next;
};
struct node *creatList(int n) /*创建单链表*/
{
   struct node *head,*s,*r;   /*定义 head、s 和 r 指针变量*/
   int i=0;
   if((head=(struct node *)malloc(sizeof(struct node)))==NULL)
                    /*为头结点分配内存空间，并检测是否分配成功*/
   {
       printf("error!");
       return 0;
   }
   head->next=NULL;          /*将头结点的指针域置空*/
   r=head;                   /*r 指向头结点*/
   for(i=0;i<n;i++)
   {
       if((s=(struct node *)malloc(sizeof(struct node)))==NULL)
       {
           printf("error!");
           return 0;
       }
       scanf("%d",&s->data);/*从键盘读入数据，存入当前结点的数据域*/
       r->next=s;            /*将 r 的指针域指向 s，形成单链表*/
       r=s;                  /*r 指针后移*/
   }
```

```c
        r->next=NULL;              /*r 为尾结点，其 next 指针域为 NULL*/
        return head;               /*返回单链表的头指针*/
    }
    void printList(struct node *L)    /*输出链表元素*/
    {
        struct node *p;
        p=L->next;                 /*p 指向第一个结点*/
        while(p!=NULL)             /*当 p 不为 NULL 时循环*/
        {
            printf("%5d",p->data); /*输出 p 所指结点的数值*/
            p=p->next;             /*使 p 后移一个结点*/
        }
        printf("\n");
    }
    int main()
    {
        int n=N;                   /*单链表中元素的个数由 N 决定*/
        struct node *s;            /*定义结构体指针变量 s*/
        printf("请输入%d 个整型数据，建立单链表：\n",n);
        s=creatList(n);            /*调用 creatList()函数创建单链表*/
        printf("建立的包含%d 个元素的单链表如下:\n",n);
        printList(s);              /*调用 printList()函数输出链表元素*/
        return 0;
    }
```

【运行结果】 程序运行结果如图 9-2-2 所示。

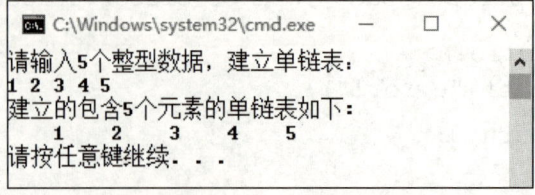

图 9-2-2 例 9-2-1 程序运行结果

提示

动态分配内存时，要尽量对分配是否成功进行检测。

一、任务分析

设约瑟夫环中有 5 个人（编号 1~5），从编号为 3 的人开始顺时针报数（见图 9-2-3），数到 2 的那个人出列；他的下一个人又从 1 开始报数，数到 2 的那个人又出列；依此规律重复下去，直到剩下 1 个人。

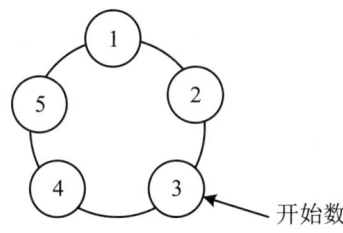

图 9-2-3 约瑟夫环

则出列顺序依次为

（1）游戏开始时，从 3 开始数 1，4 数 2，所以 4 先出列。

（2）4 出列后，从 5 开始数 1，1 数 2，所以 1 出列。

（3）1 出列后，从 2 开始数 1，3 数 2，所以 3 出列。

（4）3 出列后，从 5 开始数 1，2 数 2，所以 2 出列。

最后只剩下 5，所以 5 胜出。由此可知，约瑟夫环实际上是一个经典的循环链表，即链表中最后一个结点的指针域指向头结点，整个链表形成一个环。

因此，首先定义 struct people 结构体类型，包括一个整型成员和一个指向 struct people 型的指针成员；然后定义 creat() 函数创建链表，定义 print() 函数输出链表，定义 seek() 函数确定报数的开始位置，定义 del() 函数删除链表中的结点；最后在主函数中调用这些函数。

二、参考程序

```c
#include <stdio.h>
#include <stdlib.h>
#define NULL 0
int n;
struct people              /*声明结构体类型*/
{
   int num;
   struct people *next;
};
```

```c
struct people *creat()        /*创建链表*/
{
    int i;
    int length=0;
    struct people *p1,*p2,*head;
    printf("输入总人数n:");
    scanf("%d",&n);
    if(n==1||n==0)
        head=NULL;/*当输入为0或1时不符合要求,head赋值为NULL*/
    else
    {
        for(i=1;i<=n;i++)
        {
            if(i==1)
            {
                head=p1=p2=(struct people *)malloc(sizeof(struct people));                        /*创建第一个结点*/
                head->num=1;   /*将第一个结点赋值为1*/
            }
            else
            {
                p1=(struct people*)malloc(sizeof(struct people));
                                /*创建下一个结点*/
                p1->num=i;      /*将i的值赋给结点的数据域*/
                p2->next=p1;    /*将前一个结点与刚创建的结点连起来*/
                p2=p1;          /*p2指针后移*/
            }
            length++;           /*链表长度加1*/
        }
        p1->next=head;          /*将最后一个结点与第一个结点连起来*/
        printf("链表长度为%d\n",length);
    }
    return head;
}
void print(struct people *head)   /*输出链表*/
```

```
    {
        struct people *p;
        p=head;
        printf("参加游戏的人员编号依次为");
        do
        {
            printf("%d  ",p->num);
            p=p->next;
        } while(p!=head);    /*输出p指向结点的值并将其后移一位,直到p再次等于head指针*/
    }
    struct people *seek(struct people *head)   /*开始报数*/
    {
        int s,i;
        struct people *p=head;
        printf("\n请输入开始报数的人员编号:");
        scanf("%d",&s);
        for(i=1;i<s;i++)
            p=p->next;           /*将p指针从head向后移s-1位*/
        return p;
    }
    void del(struct people *head)    /*删除符合条件的编号*/
    {
        int i,j,m;
        struct people *p1,*p2;
        p1=p2=seek(head);
        printf("请输入数到几的人出列:");
        scanf("%d",&m);
        for(i=1;i<=n;i++)
        {
            for(j=1;j<m;j++)
            {
                p1=p2;
                p2=p2->next;
```

```
        }                       /*将p2的值赋给p1然后将p2后移一位*/
        p1->next=p2->next;      /*将p2所指向的结点的前后两结点相接*/
        if(i<n)
            printf("第%d个出列的人为%d号\n",i,p2->num);
        else
            printf("最后剩下的人为%d号\n",p2->num);
        p2=p1->next;            /*使p2指向被删除结点的下一个结点*/
    }
}
int main()
{
    struct people *head;
    printf("**********~-~Josehus~-~**********\n");
    head=creat();               /*调用creat()函数*/
    if(head==NULL)              /*若head为空，输出错误*/
        printf("error!\n");
    else
    {
        print(head);            /*调用print()函数*/
        del(head);              /*调用del()函数*/
    }
    return 0;
}
```

三、运行结果

程序运行结果如图9-2-4所示。

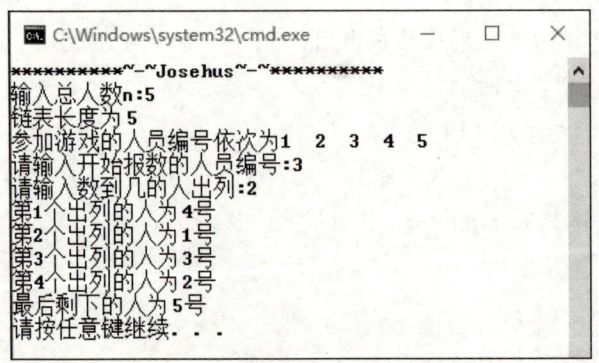

图9-2-4 约瑟夫环程序运行结果

项目九 构造数据类型——解决现实问题的最佳选择

任务实训

一、实训目的

（1）掌握常用的动态链表处理函数。

（2）掌握建立动态链表的方法。

二、实训内容

1. 程序填空

以下程序用于建立一个由4个学生成绩数据为结点的简单链表，要求输出各结点中的数据。请将正确答案填在下面的横线上。

```
#include <stdio.h>
#include <stdlib.h>
struct node
{
    int score;
    struct node *next;
};
void display(struct node *);
int main()
{
    struct node s1,s2,s3,s4;
    struct node *head=&s1;
    s1.score=85;_____①_____;
    s2.score=90;s2.next=&s3;
    s3.score=88;s3.next=&s4;
    s4.score=98;_____②_____;
    display(head);
    return 0;
}
void display(struct node *h)
{
    struct node *p=h;
    while(_____③_____)
```

```
    {
        printf("成绩为%d\n",p->score);
        p=p->next;
    }
}
```

2. 程序设计

创建一个存放正整数（输入负数作为结束标志）的单向链表，然后依次输出链表元素。请将实训过程填入表 9-2-4 中。

▶ 表 9-2-4　实训过程

程序代码	遇到的问题及解决办法

项目考核

一、选择题

（1）在声明一个结构体变量时，系统分配给它的存储空间是（　　）。

  A．该结构体中第一个成员所需存储空间

  B．该结构体中最后一个成员所需存储空间

  C．该结构体中所有成员所需存储空间的总和

  D．该结构体中占用最大存储空间的成员所需存储空间

（2）若有如下定义，则下列输入语句正确的是（　　）。

```
struct stu
{
    int a;
```

```
    int b;
}student;
```

  A．scanf("%d",&a);   B．scanf("%d",&student);
  C．scanf("%d",&stu.a);   D．scanf("%d",&student.a);

（3）以下程序的运行结果是（　　）。

```
#include <stdio.h>
struct st
{
   int x;
   int *y;
}*pt;
int main()
{
   int a[]={1,2},b[]={3,4};
   struct st c[2]={10,a,20,b};
   pt=c;
   printf("%d",++pt->x);
}
```

  A．10　　 B．11　　 C．20　　 D．1

（4）已知学生记录描述为

```
struct date
{
   int year;
   int month;
   int day;
};
struct student
{
   int sID;
   struct date birth;
};
struct student s;
```

要查找 8 月份过生日的学生信息，下列判断语句正确的是（　　）。

  A．s.birth.month==8;   B．birth.month==8;
  C．s.month=8;   D．month=8;

二、编程题

（1）利用结构体数据类型编程实现复数的加法和减法运算。

（2）利用单向链表设计程序。有 5 名学生，每名学生的信息包括学号、数学成绩、英语成绩，从键盘输入 5 名学生的信息，使用单向链表存储信息，实现以下两个功能：① 输出成绩中有 100 分的学生的所有信息；② 求 5 名学生 2 门课程的总平均分。

项目十

文件——重复利用资源的最佳方法

项目导读

在 C 语言中,程序一般没有记录功能,关闭后会丢失用户输入的信息,再打开时,又要重新输入。但通过文件可以将输入的信息保存起来,以备以后使用。文件是重复利用资源的最佳方法。

知识目标

- 理解文件及文件类型指针的概念。
- 理解文件操作的顺序。
- 掌握打开与关闭文件的方法。
- 掌握顺序读/写文件的方法。
- 掌握随机读/写文件的方法。

能力目标

- 能编写顺序读/写文件的程序。
- 能编写随机读/写文件的程序。

素质目标

- 通过学习文件的操作方法,提高文件处理能力。
- 通过学习凯撒密码加密设计,增强信息安全意识。

班级_____ 姓名_____ 学号_____

任务一　凯撒密码加密

任务工单

一、任务描述

所谓"文件"是指一组相关数据的有序集合。每个文件都有一个标识，以便用户识别和引用，这个文件标识即为文件名。本任务将带领大家学习文件的基础知识，打开和关闭文件的方法，以及顺序读/写文件的方法，最后编程实现将一个文件中的内容加密后复制到另一个文件中。加密规则如下：将明文中的每个英文字母替换为该字母后面的第 4 个字母，如果后面第 4 个字母超出字母表范围，则首尾相接，即"Z"后面的字母是"A"，"z"后面的字母是"a"。

二、分组讨论

全班学生以 3～5 人为一组进行分组，各组选出组长。请组长组织组员查找相关资料，并预习知识链接，完成下列问题。

问题 1：什么是文件？文件的作用是什么？

问题 2：任务中的加密规则称为凯撒密码。探寻凯撒密码的起源和应用，讨论信息安全的重要性。

班级_____   姓名_____   学号_____

三、实践操作

使用 Visual C++ 2010，编程实现将文件按照凯撒密码加密后输出。请将实践过程中遇到的问题和解决办法记录在表 10-1-1 中。

▶ 表 10-1-1　实践操作过程

序号	主要问题	解决办法
1		
2		
3		

四、任务评价

请各组选出一名代表展示实践操作的成果，并配合老师完成任务评价，将评价结果填入表 10-1-2 中。

▶ 表 10-1-2　任务评价

评价项目	评价内容	评价分数			
		分值	自评	互评	师评
职业素养考核项目（30%）	考勤、仪容仪表	10 分			
	安全意识、责任意识	10 分			
	团队合作与交流	10 分			
专业能力考核项目（70%）	积极参与教学活动	5 分			
	正确理解任务要求	5 分			
	认真查找任务所需资料并参与讨论	15 分			
	实践操作过程记录表的完成度	10 分			
	是否掌握打开和关闭文件的方法	10 分			
	是否掌握顺序读/写文本文件的方法	10 分			
	程序运行结果是否正确	15 分			
综合评分_____　自评（20%）+互评（20%）+师评（60%）		100 分			
综合评语		教师（签字）：			

知识链接

一、文件基础知识

根据数据组织形式的不同，文件可分为 ASCII 文件（文本文件）和二进制文件两种类型。本任务介绍处理文本文件的方法。

无论是哪种类型的文件，C 系统都会将它看成是由一连串字符组成的字节序列，称为"流（stream）"，并以字节为单位访问，没有记录的界限。输入输出字符流的开始和结束只由程序控制，而不受物理符号（如回车符）的控制，因此，这种文件称作"流式文件"。将数据从磁盘文件流向内存的过程称为"输入"，反之，将数据从内存流向磁盘文件的过程称为"输出"。

C 语言通过系统提供的结构体类型 FILE 定义的指针变量来访问文件。结构体类型 FILE 已在头文件"stdio.h"中定义，所以在对文件进行操作时，用 FILE 直接定义文件指针变量即可。定义形式为

```
FILE *文件指针变量名;
```

其中，FILE 必须大写，*表示定义的变量是指针类型。例如：

```
FILE *fp;
```

定义的 fp 是一个指向 FILE 类型数据的指针变量。可以使 fp 指向某一个文件的文件信息区，通过该文件信息区中的信息就可以访问该文件了。

二、打开与关闭文件

除标准的输入和输出文件之外，其他所有的文件都必须先打开后使用，且使用后必须关闭该文件。库函数 fopen()和 fclose()分别用来打开和关闭文件。

打开与关闭文件

1. 打开文件

fopen()函数原型为

```
FILE *fopen(const char *filename,const char *mode);
```

调用 fopen()函数的方式为

```
fopen("文件名","文件操作方式表示符");
```

fopen()函数的返回值是指向文件的指针（文件信息区的起始地址），通常将 fopen()函数的返回值赋给一个指向文件的指针变量。例如：

```
FILE *fp;                    /*定义一个指向文件的指针变量fp*/
fp=fopen("myfile","r");      /*以只读方式打开当前目录下的myfile文件*/
```

调用函数时,系统会在缓冲区为文件开辟一个文件信息描述区,并将该文件信息描述区(文件结构体变量)的地址赋给指针 fp,然后就可以通过 fp 对文件进行各种操作了。如果文件打开失败,则 fopen()函数返回空指针 NULL。

小技巧

文件名可包含文件路径。例如:

fp=fopen("c:\\documents\\myfile","w"); /*以写方式打开 c 目录下 documents 文件夹中的 myfile 文件,并将返回值赋给指针变量 fp*/

文件操作方式表示符如表 10-1-3 所示。

▶ 表 10-1-3 文件操作方式表示符

文件操作方式	含义	如果指定的文件不存在
"r"(只读)	打开一个文本文件,只允许读数据	出错
"w"(只写)	打开或建立一个文本文件,只允许写数据	建立新文件
"a"(追加)	打开一个文本文件,并在文件末尾追加数据	出错
"r+"(读写)	打开一个文本文件,允许读和写	出错
"w+"(读写)	打开或建立一个文本文件,允许读写	建立新文件
"a+"(读写)	打开一个文本文件,允许读或在文件末尾追加数据	出错

2. 关闭文件

关闭文件函数 fclose()原型为

```
int fclose(FILE *fpoint);
```

调用 fclose()函数的一般形式为

```
fclose(fp);
```

这里的 fp 是前面定义过的文件指针。关闭成功时返回 0,否则返回 EOF(-1)。故可以通过 fclose()函数的返回值判断文件是否正常关闭。例如:

```
if((fp=fclose(fp))!=0)
    printf("\nerror: fail in file close!");
```

关闭文件不仅可以保存数据,还可以释放文件结构体变量所占的存储空间,节省系统资源。

三、顺序读/写文件

顺序读/写文件时，读/写顺序和数据在文件中的物理顺序是一致的。即，在顺序读时，先读文件前面的数据，后读文件后面的数据；在顺序写时，先写入的数据存放在文件的前面，后写入的数据存放在文件的后面。

顺序读/写操作可用库函数实现，它们都包含在头文件"stdio.h"中。常见的顺序读/写文件函数如表 10-1-4 所示。

▶ 表 10-1-4　常见的顺序读/写文件函数

函数	函数调用形式	功能	举例
字符读	字符变量=fgetc(文件指针);	从指定的文件中读一个字符	c=fgetc(fp);
字符写	fputc(字符量,文件指针 fp);	将一个字符写入文件中	fputc('a',fp);
字符串读	fgets(字符数组名,n,文件指针);	从指定的文件中读一个长度为 n-1 的字符串，在末尾加上字符串结束标志'\0'后，送入一个字符数组中	fgets(str,n,fp);
字符串写	fputs(字符串,文件指针);	向文件中写入一个字符串，其中字符串可以是字符串常量，也可以是有赋值的字符数组	fputs("China",fp); fputs(str,fp);
格式化读	fscanf(文件指针,格式控制字符串,输入项列表);	从文件中读数据	fscanf(fp,"%c%d",&c,&a);
格式化写	fprintf(文件指针,格式控制字符串,输出项列表);	将数据写入文件中	fprintf(fp,"%c%d",c,a);

任务实施

一、任务分析

设原文件名为 file.txt（见本书配套素材"项目十"），目标文件名为 copy.txt。要将 file.txt 文件中的内容加密后复制到 copy.txt 文件中，须首先将两个文件打开，即调用 fopen() 函数以只读方式（"r"）打开 file.txt，以读写方式（"w+"）打开 copy.txt；然后读取 file.txt 文件中的字符，并将字符转换后写入到 copy.txt 文件中；最后输出 copy.txt 文件中的字符并关闭两个文件。

二、参考程序

```c
#include <stdio.h>
#include <stdlib.h>
int main( )
{
    FILE *fp1,*fp2;              /*定义文件描述符指针*/
    char c;                      /*定义字符变量*/
    if((fp1=fopen("file.txt","r"))==NULL)
                                 /*以只读方式打开文件file.txt*/
    {
        printf("\nerror: fail in opening myfile!");
        exit(0);
    }
    if((fp2=fopen("copy.txt","w+"))==NULL)
                                 /*以读写方式打开文件copy.txt*/
    {
        printf("\nerror: fail in opening cyfile!");
        exit(0);
    }
    while(!feof(fp1))            /*判断指针是否在文件结束位置*/
    {
        c=fgetc(fp1);            /*从文件中读取一个字符*/
        if(c>='a'&&c<'x'||c>='A'&&c<'x')
            c+=3;                /*将字母c替换为该字母后面的第4个字母*/
        else if(c>='x'&&c<='z'||c>='x'&&c<='Z')
            c-=23;               /*将字母x替换为a,y替换为b,z替换为c */
        fputc(c,fp2);            /*将字符写入到copy.txt文件中*/
    }
    rewind(fp2);                 /*将fp2所指的文件的内部指针移至文件开始位置*/
    while(!feof(fp2))            /*判断指针是否在文件结束位置*/
    {
        c=fgetc(fp2);            /*从文件中读取一个字符*/
        printf("%c",c);          /*输出c的值*/
    }
```

```
        printf("\n");
        fclose(fp1);                /*关闭文件file.txt*/
        fclose(fp2);                /*关闭文件copy.txt*/
        return 0;
    }
```

三、运行结果

原文件内容如图 10-1-1 所示,加密后的文件内容如图 10-1-2 所示,程序运行结果如图 10-1-3 所示。

图 10-1-1　原文件内容

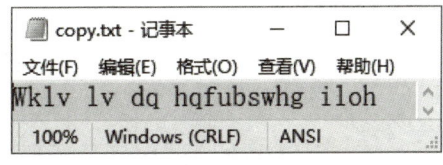

图 10-1-2　加密后的文件内容

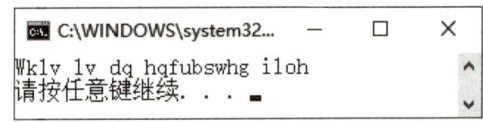

图 10-1-3　文件加密程序运行结果

居安思危

信息安全是一个国家综合国力的体现,也是国民经济健康发展的保障。为加强我国信息安全建设,保障国家和人民的根本利益,我国政府一方面利用市场资源推进信息技术的发展,大力发展自主知识产权,实现信息技术产业化;另一方面加快信息安全立法,制定《中华人民共和国保守国家秘密法》《中华人民共和国数据安全法》《中华人民共和国个人信息保护法》等相关法律法规。

任务实训

一、实训目的

(1)掌握打开和关闭文件的方法。
(2)掌握顺序读/写文本文件的方法。

二、实训内容

1. 阅读程序

（1）若在当前目录下存在一个名为 exam.txt 的文件，文件内容为 C Programming，则以下程序的运行结果是_____。

```c
#include <stdio.h>
#include <stdlib.h>
int main()
{
    FILE *fp;
    char ch;
    if((fp=fopen("exam.txt","r"))==NULL)
    {
        printf("can not open this file\n");
        exit(0);
    }
    ch=fgetc(fp);
    while(ch!=EOF)
    {
        putchar(ch);
        ch=fgetc(fp);
    }
    fclose(fp);
    printf("\n");
    return 0;
}
```

（2）从键盘输入 This is a C program↙，以下程序的运行结果是_____。

```c
#include <stdio.h>
#include <stdlib.h>
int main()
{
    FILE *fp;
    char ch[1001],*p=ch;
    if((fp=fopen("d:\\myfile.txt","w"))==NULL)
```

```
    {
        printf("can not open this file\n");
        exit(0);
    }
    printf("请输入一个字符串:");
    gets(p);
    while(*p!='\0')
    {
        fputc(*p,fp);
        printf("%c",*p);
        p++;
    }
    fclose(fp);
    return 0;
}
```

2. 程序设计

当前目录下文本文件 score.txt 中有 6 个数据,分别为 74、85、97、83、92 和 60,将这些数的平均值追加到原始数据的后面。请将实训过程填入表 10-1-5 中。

▶ 表 10-1-5 实训过程

程序代码	遇到的问题及解决办法

班级_____ 姓名_____ 学号_____

任务二 模拟简单的人事管理系统

 任务工单

一、任务描述

C 系统不仅可以处理文本文件，还可以处理二进制文件。不仅可以顺序读/写文件，还可以随机读/写文件。本任务将带领大家学习处理二进制文件和随机读/写文件的方法，并编程模拟人事管理系统中员工信息的输入、显示和修改功能。某公司的员工信息如表 10-2-1 所示。

▶ 表 10-2-1 员工信息

编号	姓名	部门
001	王子恒	行政部
002	徐欣	销售部
003	刘宇	研发部

二、分组讨论

全班学生以 3~5 人为一组进行分组，各组选出组长。请组长组织组员查找相关资料，并预习知识链接，完成下列问题。

问题 1：列举常用的二进制文件操作函数，并分析二进制文件操作函数和文本文件操作函数的区别。

问题 2：试讨论顺序读/写和随机读/写的区别。

班级_____   姓名_____   学号_____

三、实践操作

使用 Visual C++ 2010，编程模拟人事管理系统中员工信息的输入、显示和修改功能，并将输入和修改后的数据写入文件。请将实践过程中遇到的问题和解决办法记录在表 10-2-2 中。

▶ 表 10-2-2　实践操作过程

序号	主要问题	解决办法
1		
2		
3		

四、任务评价

请各组选出一名代表展示实践操作的成果，并配合老师完成任务评价，将评价结果填入表 10-2-3 中。

▶ 表 10-2-3　任务评价

评价项目	评价内容	评价分数			
		分值	自评	互评	师评
职业素养考核项目（30%）	考勤、仪容仪表	10 分			
	安全意识、责任意识	10 分			
	团队合作与交流	10 分			
专业能力考核项目（70%）	积极参与教学活动	5 分			
	正确理解任务要求	5 分			
	认真查找任务所需资料并参与讨论	15 分			
	实践操作过程记录表的完成度	10 分			
	是否掌握二进制文件的操作方法	10 分			
	是否掌握随机读/写文件的方法	10 分			
	程序运行结果是否正确	15 分			
综合评分_____	自评（20%）+互评（20%）+师评（60%）	100 分			
综合评语		教师（签字）：			

知识链接

一、二进制文件操作

打开和关闭二进制文件的函数同打开和关闭文本文件的函数相同，其操作方式表示符是在文本文件操作方式表示符后加上"b"，如表 10-2-4 所示。

▶ 表 10-2-4　二进制文件操作方式表示符的内容及含义

文件使用方式	含义	如果指定的文件不存在
"rb"（只读）	打开一个二进制文件，只允许读数据	出错
"wb"（只写）	打开或建立一个二进制文件，只允许写数据	建立新文件
"ab"（追加）	打开一个二进制文件，并在文件末尾追加数据	出错
"rb+"（读写）	打开一个二进制文件，允许读和写	出错
"wb+"（读写）	打开或建立一个二进制文件，允许读和写	建立新文件
"ab+"（读写）	打开一个二进制文件，允许读或在文件末尾追加数据	出错

在对二进制文件进行读/写时，通常使用读数据块函数 fread() 和写数据块函数 fwrite()，可以一次读或写一组数据，如一个数组或结构体变量的值等。数据块读/写函数如表 10-2-5 所示。

▶ 表 10-2-5　数据块读/写函数

函数	函数调用形式	功能	举例
读数据块	fread(输出数据首地址,字节数,数据块个数,文件指针);	读二进制文件	fread(str,3,5,fp);
写数据块	fwrite(输入数据首地址,字节数,数据块个数,文件指针);	写二进制文件	fwrite(str,3,5,fp);

二、随机读/写文件

前面介绍的对文件的读/写方式都是顺序进行的，即读/写文件只能从头开始顺序读/写各个数据。如果需要从文件的某个位置开始读/写数据，即随机读/写文件，可使用随机定位函数将文件位置指针定位在所要读/写的任意位置。常用的随机定位函数如表 10-2-6 所示。

▶ 表 10-2-6　常用的随机定位函数

函数原型	功能	函数调用形式
void rewind(FILE *fpoint);	将文件位置指针移至文件起始处	rewind(fp);
int fseek(FILE *fpoint,long offset,int origin);	将文件位置指针移至指定位置	fseek(fp,位移量,起始点);
long ftell(FILE *fpoint);	寻找位置指针的当前位置	long n; n=ftell(fp);
int feof(FILE *fpoint);	判断文件位置指针是否在文件结束位置	feof(fp);

对 fseek()函数的参数作以下说明。

(1)"位移量"是移动的字节数，要求位移量是 long 型数据，以便在文件长度大于 64 KB 时不会出错。当用常量表示位移量时，要求加后缀"L"。位移量为正，表示文件位置指针向文件尾方向移动；位移量为负，表示文件位置指针向文件头方向移动。

(2)"起始点"为位移量的参考点，有 3 种取值：0 为"文件开始位置"，1 为"当前位置"，2 为"文件末尾位置"。C 标准制定的起始点的含义如表 10-2-7 所示。

▶ 表 10-2-7　起始点的含义

起始点	名字	用数字代表
文件开始位置	SEEK_SET	0
文件当前位置	SEEK_CUR	1
文件末尾位置	SEEK_END	2

当文件位置指针在文件末尾时，feof()函数返回 1（非 0），否则返回 0。

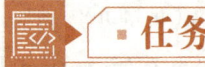

一、任务分析

人事管理系统中，员工信息包含编号、姓名和部门，这些数据的类型不尽相同，故可定义一个结构体数组，存放员工信息；要将员工信息写入到文件中，可声明一个文件指针变量，指向要写入信息的文件并以读写方式打开该文件；要实现修改员工信息，可用 fseek() 函数定位。

二、参考程序

```c
#include <stdio.h>
#include <stdlib.h>
int main()
{
    FILE *fp1;                    /*定义文件描述符指针*/
    int i;
    struct rec
    {
        char id[10];
        char name[15];
        char department[20];
    }record[3];                   /*定义结构体数组，存储员工信息*/
    printf("**********人事信息管理**********\n");
    if((fp1=fopen("renshi.txt","wb"))==NULL)
                                  /*判断文件是否打开成功*/
    {
        printf("fail in opening this file!");
        exit(1);
    }
    printf("请输入员工编号、姓名和所在部门：\n");
    for(i=0;i<3;i++)              /*循环输入员工信息*/
    {
        scanf("%s%s%s",record[i].id,record[i].name,record[i].department);
        fwrite(&record[i],sizeof(struct rec),1,fp1);
                                  /*将员工信息写入文件中*/
    };
    fclose(fp1);                  /*关闭文件*/
    if((fp1=fopen("renshi.txt","rb+"))==NULL)
    {
        printf("can not open the file!");
```

```c
        exit(1);
    };
    printf("**********修改前文件读出的信息**********\n");
    printf("%-10s %-15s %-20s\n","id","name","department");
    for(i=0;i<3;i++)
    {
        fread(&record[i],sizeof(struct rec),1,fp1);
                            /*读取文件内容*/
        printf("%-10s %-15s %-20s\n",record[i].id,record[i].name,
record[i].department);       /*输出员工信息*/
    }
    fseek(fp1,2*sizeof(struct rec),0);
                            /*将文件中的位置指针指向第3条记录*/
    fwrite(&record[1],sizeof(struct rec),1,fp1);
                            /*在第3条记录处写入第2条记录*/
    rewind(fp1);             /*移动文件位置指针到文件头*/
    printf("**********修改后文件读出的信息**********\n");
    printf("%-10s %-15s %-20s\n","id","name","department");
    for(i=0;i<3;i++)          /*重新输出文件内容*/
    {
        fread(&record[i],sizeof(struct rec),1,fp1);
        printf("%-10s %-15s %-20s\n",record[i].id,record[i].name,
record[i].department);       /*输出员工信息*/
    }
    fclose(fp1);             /*关闭文件*/
}
```

三、运行结果

程序运行结果如图10-2-1所示。

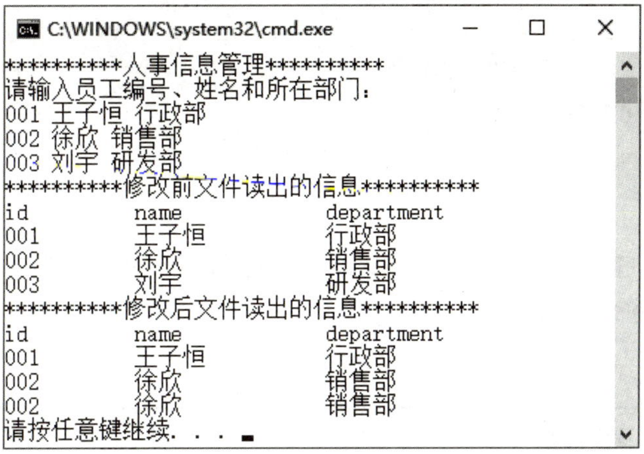

图 10-2-1 模拟简单的人事管理系统程序运行结果

任务实训

一、实训目的

（1）掌握二进制文件读/写函数的使用方法。
（2）掌握随机读/写文件函数的使用方法。

二、实训内容

1. 程序填空

以下程序用于统计文件中的字符个数，请将正确答案填在下面的横线上。

```
#include <stdio.h>
int main()
{
    FILE *fp;
    long num=0;
    if ((fp=fopen("test.txt","r+"))==NULL)
    {
        printf("Can't open File.");
        return 0;
    }
    while(_____①_____)
        num++;
```

```
        ②
   printf("num=%ld",num);
   return 0;
}
```

2. 程序设计

（1）输入 3 个日期（年 月 日），写入文件 date.dat 中，再从文件中读出并显示。请将实训过程填入表 10-2-8 中。

▶ 表 10-2-8　实训过程 1

程序代码	遇到的问题及解决办法

（2）创建 test.txt 文件，输入"China is a large and beautiful country!"并写入进文件，读取单词"beautiful"并输出到终端。请将实训过程填入表 10-2-9 中。

▶ 表 10-2-9　实训过程 2

程序代码	遇到的问题及解决办法

项目十 文件——重复利用资源的最佳方法

项目考核

一、选择题

（1）在 C 语言中，文件操作的一般步骤是（　　）。

  A．读文件→写文件→关闭文件

  B．打开文件→读/写文件→关闭文件

  C．打开文件→操作文件

  D．修改文件→关闭文件

（2）在 C 语言中，以下对文件的叙述正确的是（　　）。

  A．用"r"方式打开的文件只能向文件写数据

  B．用"R"方式也可以打开文件

  C．用"w"方式打开的文件只能用于向文件写数据，且该文件可以不存在

  D．用"a"方式可以打开不存在的文件

（3）在 D 盘 MyDir 目录下新建一个 MyFile.txt 文件，正确的语句是（　　）。

  A．FILE *fp=fopen("D:\MyDir\Myfile.txt","w");

  B．FILE *fp; fp=fopen("D:\\MyDir\\MyFile.txt","w");

  C．FILE *fp; fp=fopen("D:\MyDir\MyFile.txt","r");

  D．FILE *fp=fopen("D:\\MyDir\\MyFile.txt","r");

（4）以下与函数 fseek(fp,0L,SEEK_SET)有相同作用的是（　　）。

  A．feof(fp)　　　　B．ftell(fp)　　　　C．fgetc(fp)　　　　D．rewind(fp)

（5）设 fp 为指向某二进制文件的指针，且已读到此文件末尾，则函数 feof(fp)的返回值为（　　）。

  A．EOF　　　　B．非 0　　　　C．0　　　　D．NULL

（6）fscanf()函数的正确调用形式是（　　）。

  A．fscanf(文件指针,格式字符串,输出项列表)

  B．fscanf(格式字符串,输入项列表,文件指针)

  C．fscanf(格式字符串,文件指针,输入项列表)

  D．fscanf(文件指针,格式字符串,输入项列表)

（7）以下程序的运行结果是（　　）。

```
#include <stdio.h>
int main()
{
```

```
        FILE *fp;
        int i,m=9,n=9;
        fp=fopen("d:\\test.txt","w");
        for(i=1;i<5;i++)
            fprintf(fp,"%d",i);
        fclose(fp);
        fp=fopen("d:\\test.txt","r");
        fscanf(fp,"%d%d",&m,&n);
        fclose(fp);
        printf("m=%d,n=%d\n",m,n);
        return 0;
    }
```

A. m=1,n=2　　　　　　　　B. m=9,n=9

C. m=1234,n=9　　　　　　　D. m=1,n=234

（8）有以下程序

```
    #include <stdio.h>
    int main()
    {
        FILE *f;
        f=fopen("filea.txt","w");
        fprintf(f,"abc");
        fclose(f);
        return 0;
    }
```

若文本文件 filea.txt 中原有内容为"hello"，则运行程序后，文件 filea.txt 中的内容为（　　）。

A. helloabc　　　　　　　　B. abclo

C. abc　　　　　　　　　　D. abchello

二、编程题

（1）编写程序，将文件 myfile.txt 中的大写字母转换为小写字母。

（2）编写程序，读出文件 sfile.txt 中的内容，反序写入到另一个文件 dfile.txt 中（sfile.txt 和 dfile.txt 文件见本书配套素材"项目十"）。

参考文献

[1] 王剑峰，马涛，刘浪. C 语言程序设计教程［M］. 北京：航空工业出版社，2018.

[2] 魏宇红，董凤服，杨嘉群，於实. C 程序设计项目教程［M］. 北京：航空工业出版社，2015.

[3] 衡军山，邵军. C 语言程序设计基础［M］. 北京：航空工业出版社，2014.

[4] 谭浩强. C 程序设计［M］. 4 版. 北京：清华大学出版社，2010.

參考文獻